Elisabeth Erasim
Oswald M. Klotz (Hrsg.)
Maria Sundermann

Schnitzel isst man nicht mit Stäbchen

Sachbuch von EUCUSA

Elisabeth Erasim
Oswald M. Klotz (Hrsg.)
Maria Sundermann

Schnitzel isst man nicht mit Stäbchen

- Gute Geschäfte in fremden Kulturen
- Ausländische Partner besser verstehen
- Anleitung für gelebte Interkulturalität

Sachbuch von EUCUSA

Bibliografische Information der Deutschen Bibliothek:

Die Deutsche Bibliothek verzeichnet diese Publikation in der Deutschen Nationalbibliographie; detaillierte bibliographische Daten sind im Internet unter http://dnb.ddb.de abrufbar.

Schnitzel isst man nicht mit Stäbchen
Gute Geschäfte in fremden Kulturen – Ausländische Partner besser verstehen – Anleitung für gelebte Interkulturalität
Von Elisabeth Erasim, Oswald M. Klotz und Maria Sundermann
Herausgeber: Oswald M. Klotz

1140 Wien, Waidhausenstraße 19
Telefon +43-1-817 40 20
D-13503 Berlin, Schönbaumer Weg 6A
Telefon +49-30-327 04 600
Homepage EUCUSA: www.eucusa.com
E-Mail/Buchbestellungen: office@eucusa.com

Lektorat: Paulina M. Klotz
Schutzumschlag, Layout, Typografie: Eckart Grafik-Design, Wien
Herstellung: Holzhausen Druck + Medien, Wien

978-3-200-00841-0

*Einander kennen lernen heißt lernen,
wie fremd man einander ist.*

Christian Morgenstern

Osten ist Osten und Westen ist Westen, und die beiden sollen sich niemals treffen.

Rudyard Kipling
Aus: The Ballad of East and West

Große Worte in der Gegenwart sind noch keine Handlungsanweisung für die Zukunft. Erst die gestalterische Kraft, die den Worten folgen muss, lässt für die Zukunft hoffen.

Wolfgang Kownatka
(deutscher Oberstleutnant a.D.
und Journalist)
Leitbild der Dorfgemeinde Rhäzüns
in Graubünden (CH)

INHALTSVERZEICHNIS

VORWORT DES HERAUSGEBERS

Warum gerade jetzt gerade dieses Buch?

Der vorliegende Band der EUCUSA-Sachbuchreihe soll in diesen Zeiten der Globalisierung einen neuen Markstein setzen. Wie schon Elisabeth Erasim in ihrer Diplomarbeit „China und Japan – eine theoretische und empirische Gegenüberstellung kultureller Einstellungen und Werte: Zufriedenheit mit und Wichtigkeit von ausgewählten Aspekten des Arbeitslebens in China und Japan“ im Teil 1 dieses Buches aufzeigt, vollziehen gerade die Länder des Fernen Ostens einen geradezu atemberaubenden Wertewandel. Dieser Wertewandel und seine Bedeutung für internationale Wirtschaftsbeziehungen soll nun näher beleuchtet werden.

Es galt dabei auch der Frage nachzugehen, ob es den vom US-amerikanischen Politikwissenschafter Samuel P. Huntington in seinem Standard-Werk „Clash of Civilizations and the Remaking of World Order“ [1] behaupteten Zusammenprall der Kulturen nur in der Weltpolitik, oder nicht viel mehr schon längst auch im Geschäftsleben gibt. Denn

[1] Simon & Schuster, New York 1998, ISBN 0-68484-441-9.

bereits 1993 stellte Huntington die These auf, dass die Weltpolitik des 21. Jahrhunderts nicht von Auseinandersetzungen politischer, ideologischer oder wirtschaftlicher Natur, sondern von Konflikten zwischen Angehörigen unterschiedlicher Kulturkreise bestimmt sein wird.

Darauf möchte ich kurz näher eingehen. Der distinktivitätstheoretische Ansatz dazu lautet, dass sich Menschen gegenüber anderen Individuen abgrenzen und ihre eigene Identität u. a. über eine Definition, wie sie *nicht* sind, stabilisieren. Huntington diagnostiziert auf der Mikroebene eine durch Globalisierungsprozesse stärkere Auseinandersetzung mit dem „Anders sein", die nach seiner Ansicht dazu führt, dass sich Menschen vermehrt über Distinktion identifizieren. Auf der Makroebene führen Globalisierungsprozesse seiner Meinung nach zu einer selektiven Adaptation und Assimilation. Ziel von Assimilation und Adaptation ist es, die eigene Kulturseele zu stärken. Kulturfremdes, das nicht nützlich zu sein scheint, wird ignoriert oder abqualifiziert.

Die Realität scheint dem Wissenschafter Recht zu geben: Interkulturalität *ist* ein Problem (geworden). Allerdings, wie insbesondere die hier veröffentlichten Interviews, die sich alle um das Thema „Erfahrungen mit der Interkulturalität in der täglichen Praxis" drehen, zeigen, ein beherrschbares Problem. Damit umzugehen kann – und sollte – man lernen. Dieses Buch möchte eine kleine Hilfestellung dazu bieten.

Eine Anmerkung: Wir verwenden in diesem Band die (gemäßigte) neue Rechtschreibung. Bezüglich der Gendermarkierung haben wir uns nach langer Überlegung zu einer einheitlichen Form der Genusform entschlossen. Unter Berücksichtigung der Lesbarkeit und des aktuellen Standes bei der Handhabung dieser Formen verwenden wir grundsätzlich das generische Maskulinum.

Zum Abschluss möchte ich mich bei allen bedanken, die an der Entstehung dieses Buches beteiligt waren. Vor allem war es Harald R. Preyer, CEO von Eucusa, der es Elisabeth Erasim auf großzügige Weise ermöglichte, ihre hier in den Kernpassagen des theoretischen Teils wiedergegebene Diplomarbeit, die den wissenschaftlichen Unterbau für dieses Buch darstellt, zu einem guten Ende zu bringen. Weiters gilt mein Dank den Vertretern jener Firmen und Organisationen, die sich meiner Kollegin Maria Sundermann und mir für die Interviews zur Verfügung gestellt haben. Nicht zuletzt möchte ich mich bei der Wirtschaftskammer Österreich, bei Raiffeisen International und bei Berlitz Cultural Consulting für die wertvollen Tipps bedanken, die im dritten Teil des vorliegenden Bandes zu finden sind. So soll dieses Buch zu einem täglichen Begleiter im Umgang mit der Interkulturalität in und um uns werden.

Wien, im Januar 2007 — Oswald M. Klotz

Eucusa: Die Welt ein Stück besser machen

Von Talenten, Interkulturalität und Erfolgen

Mit diesem hohen Anspruch ist EUCUSA 1998 angetreten. Im Fokus unserer Arbeiten stand die Erforschung von Mitarbeiter- und Kundenzufriedenheit.
Neun Jahre später und um mehr als drei Millionen Datensätze reicher haben wir Antworten gefunden, die wenig verblüffend und dafür umso mehr handlungsanleitend für unsere Kunden sind:

- Mitarbeiterzufriedenheit ist kein Wert, der führende Unternehmungen per se interessiert. Sie ist viel mehr ein Fundament, ohne das Identifikation, Motivation, Engagement, Innovation und Hingabe (*dedication*) nicht möglich sind. Das Ziel von Eucusa für die nächsten Jahre ist die Messung, Beschreibung und Verbesserung der oben genannten Qualitäten (wir bezeichnen sie als **Corporate Fitness**) im internationalen Umfeld. In einer Zeit, in der Unternehmen in einem zunehmenden Wettbewerb um hoch qualifizierte Mitarbeiter stehen, wird Mitarbeiterorientierung als Teil der Corporate Fitness zum strategischen Wettbewerbsfaktor.

- Mitarbeiterzufriedenheit kann zu rund fünfzig Prozent mit wenigen immer gleichen Aspekten erklärt werden. Weitere vierzig Prozent sind unternehmensspezifisch, ja sogar innerhalb von Unternehmen unterschiedlich je nach Kultur, Führungsebene, Aufgabenbereich, Abteilung, Unternehmenszugehörigkeit, Status und Ausbildungsgrad. Untersuchungen zeigen, dass dieselben Aspekte auch im interkulturellen Umfeld Gültigkeit besitzen und Mitarbeiterzufriedenheit erklären.
- Kundenzufriedenheit ist der Wert, der Kunden zum Wiederkauf bewegt, und für den sie auch bereit sind, ähnliche Leistungen höher zu honorieren. Dies gilt sowohl für Endverbraucher als auch für gewerbliche Kunden. Und dies gilt auch in hoch kompetitiven Märkten. Kundenbindung ist ein Ziel von Anbietern, nicht von Kunden. Kunden suchen nach Zufriedenheit und bleiben loyal, wenn ihre Lieferanten sie zufrieden stellen. Das Erreichen hoher Kundenzufriedenheitswerte ist daher ein vitales Ziel erfolgreicher Unternehmen. Mitarbeiterzufriedenheit ist hingegen nur ein Weg dorthin.
- Ein Zusammenhang zwischen der Zufriedenheit von Mitarbeitern und deren Leistungen, die in Summe die Unternehmensleistung ausmachen, ist jedenfalls gegeben und kann mit komplexen Modellen erklärt werden. Diese Korrelationen sind nicht trivial und dürfen nicht auf statistische Erklärungsmuster reduziert werden. Es ist das Zusammenspiel zwischen quantitativen Antworten auf die richtigen Fragen und qualitativen Informationen und Antworten auf offene, zukunftsweisende Fragen, die hier Licht ins Dunkel bringen.
- So sind Mitarbeiter- und Kundenbefragungen zunehmend Managementinstrumente geworden, die vor allem dem Topmanagement wesentliche Inputs für die Unternehmensstrategie liefern. Für professionelle Beratungs-

unternehmen ergibt sich daraus die Notwendigkeit, Kompetenzen im Zusammenspiel von Strategie, Kommunikation, Organisationsentwicklung und Diagnostik auf- und auszubauen.

Im Zuge des erwähnten Kompetenzausbaus bei Eucusa haben wir in den letzten Jahren Talente gefunden und gefördert. Menschen, die im internationalen Kontext mit Hingabe und Intelligenz mitgeholfen haben, unsere ehrgeizigen Ziele zu erreichen.
Eines dieser Talente ist Elisabeth Erasim. Die gebürtige Österreicherin hat sich intensiv mit den kulturellen Unterschieden zwischen Deutschland/Österreich, Japan und China befasst. In ihrer Diplomarbeit hat sie die Literatur der interkulturellen Management-Forschung aufgearbeitet und ihre Thesen anhand von Eucusa Projekten für internationale Konzerne verifiziert. Elisabeth Erasim ist Projektleiterin bei Eucusa und wird in den nächsten Jahren ihre interkulturellen Erfahrungen im Bereich weltweiter Mitarbeiter- und Kundenbefragungen einbringen.
Ein anderes Talent ist Maria Sundermann. Als Diplom-Betriebswirtin (Verwaltungs- und Wirtschaftsakademie) und diplomierte Übersetzerin hat sie mit wesentlichen Experten großer Konzerne in Interviews dem nachgespürt, was ihre Kollegin theoretisch beschrieben hat. Und sie hat gefunden, wonach viele unserer Kunden suchen: Ideen, Konzepte, Programme zur Verbesserung interkultureller Zusammenarbeit. Maria Sundermann ist bei Eucusa für den Bereich International Projects verantwortlich und ist eine wesentliche Trägerin unserer Internationalisierungsstrategie.
Der Arbeit dieser beiden Mitarbeiterinnen ist der Hauptinhalt des vorliegenden achten Eucusa-Sachbuches zu verdanken.
Wirtschaftsredakteur Oswald M. Klotz als Co-Autor und Herausgeber hat mit Eleganz und Kompetenz das Werk

komplettiert und dafür gesorgt, dass es erscheint. Er wird auch die weiteren Eucusa Sachbücher herausgeben und bleibt uns in dieser Funktion hoffentlich noch lange erhalten.

Ohne die Wertschätzung und das Vertrauen unserer Kunden wäre es uns nicht möglich, unser ehrgeiziges Ziel zu erreichen:

- die Weltmarktführerschaft in der Diagnostik von Corporate Fitness in den nächsten zehn Jahren.

Ohne unseren strategischen Partner Synnecta könnten Unternehmen nur schwer die Erkenntnisse aus unseren Projekten in die Realität umsetzen und Großes bewegen.

Ohne unsere gemeinsame Grundhaltung – den Respekt vor den Menschen und die Liebe zu ihnen – gäbe es weder EUCUSA noch dieses Buch.

Wir sind auf einem guten Weg, die Welt ein Stück besser zu machen!

Martin T. Carbon   Mario Filoxenidis   Harald R. Preyer

Eucusa–Synnecta:
Exklusive Partnerschaft schließt den Steuerungskreis

Die Aufgaben der Organisationsentwicklung ändern sich. Heute steht nicht mehr allein das „Change Management“ im Fokus, sondern vor allem eine kontinuierliche Entwicklung der Unternehmen hin zu einer global wirksamen eigenen Identität, die profitables Wachstum einerseits und andererseits die Bindungsfähigkeit für exzellente Mitarbeiter zu gewährleisten vermag. Als wichtige Aufgabe wird zunehmend die kulturelle Steuerung großer Organisationen erkannt. Steuerung benötigt Rückmeldungssysteme, welche die Grundlage effektiver Korrekturen sind und zugleich Instrumente, die die Steuerungsimpulse im Ganzen der Organisationen wirksam werden lassen.
Effiziente und fokussierte Rückmeldung auf der einen Seite und wirksame Methoden der Steuerung und Weiterentwicklung auf der anderen Seite sind die besonderen Leistungen, die die jüngst geschlossene exklusive Partnerschaft der Synnecta-Gruppe und der Eucusa GmbH für ihre Kunden erbringen kann. Durch die intensive Abstimmung in der gemeinsamen Vorgangsweise entsteht eine neue Qualität,

durch die die Ziele der Unternehmen zielgerichteter und nachhaltiger unterstützt werden.
SYNNECTA ist der führende europäische Anbieter für dialogorientierte Organisationsentwicklung und für die Gestaltung unternehmensspezifischer Formen der kulturellen Steuerung. Synnecta gestaltet komplexe Change Management Prozesse, konzipiert dialogorientierte, mobilisierende Kommunikationsprozesse und setzt sie weltweit um. Synnecta unterstützt Unternehmen in ihrer Entwicklung durch gezielte Angebote für die Führungsbildung. Die umsetzungs- und lösungsorientierten Ansätze von Synnecta machen es Unternehmen möglich, Anregungen und Rückmeldungen aus Befragungen schnell und effektiv in konkretes Handeln umzusetzen.
Die Leistungen von EUCUSA, einem der führenden Anbieter von Mitarbeiter- und Kundenbefragungen, gehen im Rahmen einer Befragung weit über eine diagnostische Rückmeldung hinaus: Von der Fragenerstellung angefangen, über die Inszenierung gegenüber den Mitarbeitern bis hin zu punktgenauen und aussagekräftigen Analysen, verbunden mit weltweiten spezifischen Benchmarks, gestalten Eucusa-Befragungen einen starken, geleiteten Dialog im Unternehmen, der Mitarbeiter aller Ebenen zur Arbeit an kontinuierlicher Entwicklung einlädt.
Die exklusive Kooperation von Eucusa und Synnecta macht es nun möglich, einen Steuerungskreis zu schließen: Diagnose, Analyse und Rückmeldung münden nun bruchlos in einen effizienten Gestaltungsprozess, dessen Ergebnisse wiederum in die neue Diagnose und die Rückmeldungsphase einfließen.
Auf der Basis eines gemeinsamen Verständnisses von Wertschätzung gegenüber Mitarbeitern und Kunden und des gemeinsamen Anliegens, ernsthaft, offen und wirkungsvoll den Erfolg ihrer Kunden zu unterstützen, sind Eucusa und

Synnecta eine Partnerschaft eingegangen, in der die Befähigungen zusammen spielen, die notwendig sind, wenn sich Unternehmen den Steuerungs- und Entwicklungsaufgaben der Zukunft effizient stellen wollen.

Die Fakten

Standorte:

Antwerpen – Berlin – Köln – Karlsruhe – Wien – New York

Mitarbeiter:

80 erfahrene Berater und Trainer

Arbeitssprachen:

(u. a.) Deutsch, Englisch, Französisch, Spanisch, Italienisch, Portugiesisch, Niederländisch, Japanisch

Leistungen:

Konzepte, Modelle, Inszenierungen und weltweite Durchführung rund um wertschätzende Mitarbeiter- und Kundenbefragungen – komplexe Organisationsentwicklungs- und Changemanagementprojekte – integrierte Kommunikationskonzepte – Führungsbildung – Führungsdiagnostik – Coaching – Ausbildungen für Organisationsentwicklung.

Aktuell werden ca. 50 transnational agierende Unternehmen betreut, unter anderem:

AXA, BASF, Bosch, Deutsche Bahn, Deutsche Post, E.ON, InBev, HVB, Masterfoods, OMV, Raiffeisen, Siemens.

EUCUSA

SYNNECTA

Teil 1

„China und Japan – eine theoretische und empirische Gegenüberstellung kultureller Einstellungen und Werte insbesondere Zufriedenheit mit und Wichtigkeit von ausgewählten Aspekten des Arbeitslebens in China und Japan."

Diplomarbeit von Elisabeth Erasim (auszugsweise), vorgelegt an der Wirtschaftsuniversität Wien

1. Einführung

Asien ist nicht gleich Asien. Trotz geographischer Nähe und kultureller Verflechtungen erscheinen uns viele Länder Asiens ähnlich und sind dennoch ganz verschieden.

Das Hauptaugenmerk dieser Arbeit wird auf die dynamischste Wachstumsregion der Welt gelegt. Hierbei werden die Volksrepublik China und Japan einander gegenüber gestellt. Doch welche kulturellen Werte unterscheiden die Volksrepublik China tatsächlich von Japan?

Effektive Motivationsanreize im Heimatland stellen nicht unbedingt effektive Anreize für Mitglieder anderer Kulturen dar. In gleicher Weise erweisen sich oft Führungsstile und Arbeitsweisen, die sich bei heimischen Mitarbeitern bewährt haben, anderswo als kontraproduktiv. Welche Maßnahmen müssen Arbeitgeber in China und Japan setzen, um mit zufriedenen, engagierten und damit leistungsstärkeren Mitarbeitern rechnen zu können? Welche Dimensionen des Arbeitslebens sind für chinesische Arbeitnehmer von Bedeutung? Sind es dieselben wie in Japan beziehungsweise im deutschsprachigen Raum?

Genau mit diesen Fragen beschäftigt sich die vorliegende Arbeit. Zur Beantwortung dieser Fragen wird untersucht, inwieweit sich die Zufriedenheit chinesischer Mitarbeiter von der Zufriedenheit japanischer Arbeitnehmer unterscheidet. Kommt der Selbstverwirklichung im Arbeitsleben eine größere Bedeutung zu, oder ist es für Chinesen tatsächlich wichtiger neues Wissen zu erwerben, um so die Wirtschaft Chinas voran zu treiben und die westliche Welt in ökonomischer Hinsicht zu überholen?

Analysiert wird weiters, ob Chinesen angesichts des sozialen und wirtschaftlichen Umbruchs in der Volksrepublik

China neuem Wissen sowie Veränderungen eher zugetan sind als Japaner. Und ob Stolz im traditionsbewussten, statusorientierten Japan tatsächlich größere Bedeutung zukommt.

Die weltwirtschaftliche Aufmerksamkeit ist auf die Volksrepublik China gerichtet, die mit einem gegenwärtigen Wirtschaftswachstum von 9,9[2] Prozent zur Wirtschaftsmacht Nummer Eins aufsteigen möchte. Prognosen zufolge wird China Mitte des Jahrhunderts die USA anteilsmäßig am globalen BIP überholt haben und folglich die größte Volkswirtschaft der Welt sein. Inwieweit existieren kulturelle Ansätze, die ein derartiges Wirtschaftswachstum begünstigen? Und inwieweit verliert diese Entwicklung angesichts drohender Umweltproblematiken, ungeklärter Menschenrechtsfragen sowie sozialer Polarisierung an Bedeutung? Forscher prognostizieren bereits jetzt ein jähes Ende des raschen wirtschaftlichen Aufstiegs Chinas.

Auf der anderen Seite steht Japan, das die Phase des rasanten Wachstums schon lange hinter sich hat. Japan hat sich durch Wettbewerbsvorteile in der Technologie als zweitgrößte Wirtschaftsmacht bereits am Weltmarkt etabliert. Gegenwärtig wird befürchtet, dass die Volksrepublik China in wirtschaftlicher Hinsicht eine ähnliche Entwicklung durchlaufen wird wie Japan vor einigen Jahren.

„Employees and managers bring their cultural background and ethnicity to the workplace“ (Adler, 2002, S. 67). Unsere Wahrnehmung sowie unser Verhalten sind in kulturelle Orientierungssysteme eingebettet; unbewusst beeinflussen diese unser Zusammenleben, was nicht selten unterschätzt wird.

---

[2] BIP Wachstum Chinas im 2. Halbjahr 2005

Mit dieser Arbeit soll ein Beitrag zum besseren Verständnis kultureller Werte geliefert werden. Es wird aufgezeigt, welcher Faktoren sich international tätige Unternehmen bewusst sein sollten, um eine langfristig erfolgreiche Zusammenarbeit in China und Japan zu ermöglichen. Kulturelle Unterschiede zwischen China und Japan sollen aufgezeigt und Gemeinsamkeiten identifiziert werden. Diese Arbeit stellt einen weiteren Schritt im Bereich der crosscultural Management-Forschung dar, der vielleicht Anstoß für künftige umfassendere Forschungen ist.

(...)

2. Kultur

Bei multinationaler Präsenz kommt es zu einem „zwangsläufigen Aufeinandertreffen von Personen aus unterschiedlichen Kulturkreisen“ (Ming-jer, 2004, S. 30), daher erfordert grenzüberschreitendes Agieren die Reflexion unterschiedlicher kultureller Werte. Daraus entstehen komplexere Anforderungen an die Mitarbeiter, interkulturelle Kompetenz sowie interkulturelles Know-how zu entwickeln. Unterschiedliche kulturelle Werte können dazu führen, dass es zwischen Vertretern verschiedener Kulturkreise zu Missverständnissen und Fehldeutungen kommt. „Employees and managers bring their cultural background and ethnicity to the workplace“ (Adler, 2002, S. 67). Unternehmerisches Handeln ist primär eingebettet in einen nationalen Kulturkontext (Reinhold, 1992). In vielen Fällen wird jedoch der Einfluss nationaler Kulturen auf das Verhalten der Organisationsmitglieder unterschätzt. Die Annahme, eine gemeinsame Organisationskultur würde den Einfluss von Gesellschafts- beziehungsweise Landeskultur eliminieren, wurde bereits Anfang der 70er Jahre in kulturvergleichenden Studien widerlegt, wie aus Kapitel 2.2.2 hervorgehen wird.

Internationales Management erfordert Wissen über kulturelle Unterschiede. Der entscheidende Punkt ist jedoch nicht die Kenntnis dieser Unterschiede, sondern deren Auswirkungen auf das Verhalten und die Wahrnehmung der Geschäftspartner, die aus dem Kontext ihrer nationalen Kultur heraus agieren beziehungsweise reagieren, in allen Handlungen zu berücksichtigen (Fink et al., 2005, S. 5).

Um den wirtschaftlichen Erfolg international agierender Unternehmen zu sichern, sollte es daher ein Gebot strategischer Überlegungen sein, interkulturellem Management Rechnung zu tragen.

Eingangs soll Einblick in den Begriff Kultur gegeben werden, um eine gemeinsame Wissensbasis zu schaffen. In Kapitel 2.2 werden drei bekannte Studien der kulturvergleichenden Managementforschung dargestellt. Auf die Erkenntnisse dieser Untersuchungen soll in späteren Kapiteln nochmals Bezug genommen werden.

2.1 Einführung in den Begriff Kultur

Im Rahmen der folgenden Einführung in die Kultur-Thematik werden zu Beginn einige Definitionen und Charakteristika von Kultur vorgestellt. Im Anschluss werden die verschiedenen Ebenen von Kultur kurz erläutert und schließlich wird der Frage nachgegangen, wie kulturelle Werte entstehen.

2.1.1 Definition

In der einschlägigen Management-Literatur wird auf den Begriff „Kultur" detailliert eingegangen, dennoch lässt dies nicht auf eine universelle beziehungsweise allgemein gültige Definition des Kulturbegriffs schließen. Dies ist darin begründet, dass sich die unterschiedlichsten Forschungsgebiete, wie Anthropologie, Soziologie, Psychologie und Ökonomie mit dem Phänomen Kultur beschäftigen (Perlitz, 2004). Angesichts dieser Divergenz über die Bedeutung und Interpretation des Begriffs „Kultur" und wegen der hohen Komplexität und Vielschichtigkeit gelingt es nur schwer, den Begriff zu umfassen.

Die unten angeführten Definitionen sollen einerseits die Vielfalt der unterschiedlichen Betrachtungsweisen und das differenzierte Verständnis von Kultur veranschaulichen, andererseits soll eine kurze Einführung in den Kulturbegriff gegeben werden. Nicht zuletzt soll eine gemeinsame Basis der Wahrnehmung von Kultur geschaffen werden.

Der Begriff „Kultur“ kommt ursprünglich aus dem Lateinischen. Das Verb „colere“ bedeutet „bebauen“ beziehungsweise „ausbilden“ und beschreibt demzufolge, wie Menschen auf die Natur einwirken. Das Substantiv „cultus“ wird im übertragenen Sinn mit „Bildung“, „Lebensweise“ gleichgesetzt (Keller, 1982, S. 113).

Eine sehr restriktive Definition liefert Knapp, der Kultur mit Gesellschaft, und diese wiederum mit Staaten vergleicht. „Eine Kultur wird üblicherweise gleichgesetzt mit einer Gesellschaft, die durch nationalstaatliche Grenzen oder eine Menge von konstant ethischen Merkmalen wie Rasse, Sprache, Religion usw. von anderen Gesellschaften unterscheidbar ist“ (Knapp, 1992, S. 60, zitiert nach Heller, 2005, S.18).

Diese Annahme zieht die Gefahr nach sich, den Subkulturen innerhalb eines Staates nicht ausreichend Beachtung zu widmen beziehungsweise unterstellt die Homogenität und Stabilität von Kulturen (Smith, 1998). Erten-Buch und Mattl weisen darauf hin, dass statische beziehungsweise homogene Kulturen nicht der Realität entsprächen (1999).

Im Rahmen der vergleichenden Kulturforschung sehen sich Wissenschaftler jedoch oft gezwungen, Staatsgrenzen als Basis für Kulturvergleiche heran zu ziehen. So beruht auch die vorliegende Arbeit auf einem kulturspezifischen Ländervergleich.

Eine weit verbreitete Definition des Begriffs „Kultur“ verfasste Geert Hofstede Anfang der 90er Jahre. Demnach ist Kultur die „kollektive Programmierung des Geistes, die die Mitglieder einer Gruppe oder Kategorie von Menschen von einer anderen unterscheidet“ (Hofstede, 1993, S. 19, zitiert nach Erten-Buch & Mattl, 1999, S. 328).

Infolgedessen geht Scholz (1990, S. 17) von der Annahme aus, dass „unterschiedliche Personen (*Anm. der Autorin: innerhalb eines Kulturkreises*) auf identische Stimuli annähernd gleich reagieren". Gleichzeitig trägt dieses identische Verhalten verschiedener Individuen aber auch zur Abgrenzung von anderen Gruppen, beziehungsweise Kulturen bei.

In einer umfangreichen Literaturanalyse filterten Kroeber und Kluckhohn aus 164 Kulturdefinitionen die im Folgenden angeführten essentiellen Gemeinsamkeiten (Scholz, 1990, S. 17):

Kultur

- wird strukturiert und erlernt,
- leitet sich aus menschlicher Vergangenheit ab,
- lässt sich in einzelne Bestandteile zerlegen,
- ist ein dynamischer und variabler Prozess,
- zeigt wissenschaftlich erforschbare Regelmäßigkeiten,
- dient zur Anpassung des Individuums an die Umwelt und
- ist ein potenzielles Mittel der Kreativität.

Aus diesen Dimensionen geht hervor, dass im Gegensatz zu vererbten biologischen Anlagen Kultur als soziales Erbe einer Gesellschaft betrachtet werden kann, das von Generation zu Generation weiter gegeben wird. Ferner ist Kultur das Ergebnis menschlicher Verhaltensweisen und Einstellungen – Kultur ist „menschengeschaffen". Kultur ist „the man-made part of the environment" (Herskovits, 1948, S. 17, zitiert nach Smith & Bond, 1998, S. 38). Das schließt sowohl Sitten und Gebräuche, sowie soziale Organisationsformen und die dahinter liegenden, nicht sichtbaren kollektiv geteilten Überzeugungen, Werte und Einstellungen ein (Keller, 1982).

Kulturen passen sich den stetigen Veränderungen der ökonomischen und sonstigen Umweltbedingungen an und unterstehen somit einem konstanten Wandel (Keller, 1982). Des Weiteren unterstützt Kultur die Anpassung des Menschen an seine Umwelt und stiftet spezifische generationserprobte Lösungen des täglichen Überlebens. Keller fügt im Jahr 1982 zu den Ausführungen von Kroeber und Kluckhohn hinzu, dass Kultur ein überindividuelles, soziales Konstrukt ist, das sich in Symbolen niederschlägt und durch implizite und explizite Verhaltenskodices, Regeln und Normen das Verhalten von sozialen Gruppen leitet.

Kluckhohn und Kelly (1972) unterscheiden an dieser Stelle zwischen einem deskriptiven und einem explikativen Kulturbegriff. Kultur als deskriptives Konzept untersucht materielle und soziale Kultur (zum Beispiel Architektur, Sitten) und beschreibt deren direkt beobachtbare Verhaltensweisen und Ergebnisse. All Jene, die Kultur vorrangig als explikatives Konzept betrachten, untersuchen hingegen den geistigen und normativen Überbau einer Kultur (Werte, Überzeugungen, Verhaltensnormen etc.). Kultur wird in dieser Darstellung als verhaltensdeterminierender Faktor aufgefasst (zitiert nach Keller, 1982). Diese Unterscheidung entspricht der Einteilung von Osgood (1951) in „Perzeptas“ und „Konzeptas“ einer Kultur, wobei „Perzeptas“ direkt beobachtbare Verhaltensweisen und Ergebnisse von kulturellen Ausprägungen darstellen, und „Konzeptas“ die dahinter liegenden internalisierten Werte repräsentieren (zitiert nach Keller, 1982).

Kultur kann auf verschiedenen Ebenen in Erscheinung treten. Im anschließenden Kapitel wird auf die verschiedenen Arten von Kultur, die mit Hilfe einer Kultur-Hierarchie dargestellt werden können, kurz eingegangen.

2.1.2 Kultur-Ebenen

Kultur ist ein sehr weit gefasstes Konzept, welches ein wenig einzugrenzen im vorigen Kapitel versucht wurde.

Wie eingangs bereits erwähnt, agieren Individuen aus ihrem kulturellen Umfeld heraus. Dies bedeutet jedoch keineswegs, dass ihr Handeln gänzlich durch kulturelle Rahmenbedingungen vorherbestimmt beziehungsweise erklärt werden kann. Hofstede entwickelte dazu ein Pyramidenmodell, das die drei Ebenen der „mentalen Programmierung" eines Menschen veranschaulichen soll. Die unterste Ebene stellt jene der menschlichen Natur dar. Diese ist in den Genen festgelegt und vererbbar. Im Gegensatz dazu wird Kultur – die zweite Ebene der Pyramide – erlernt und spiegelt sich in Einstellungen und verschiedenen Verhaltensmustern wider. Einzigartige Wesenszüge eines Individuums bilden die Persönlichkeit, welche erlernt, dessen ungeachtet aber auch vererbt werden kann. Die individuelle Persönlichkeit ist oberhalb der Kulturebene angesiedelt, wie aus Abbildung 1 hervorgeht.

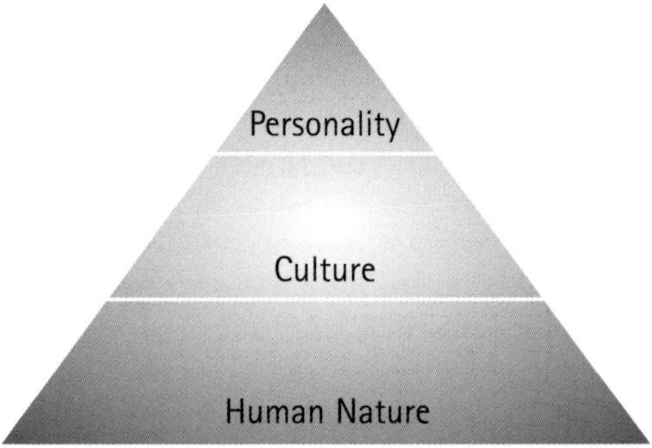

Abbildung 1: Drei Ebenen der mentalen Programmierung nach Hofstede[3]

[3] Abbildung aus: Heller (2005) nach Hofstede (2001)

In Anlehnung an das Schachtelmodell von Scheuss werden fünf Ebenen von Kultur unterschieden. Diese stehen miteinander in Verbindung und unterstehen wechselseitiger Beeinflussung (Scheuss, 1985, zitiert nach Kasper & Mayrhofer, 2002).

Wie aus Abbildung 2 hervorgeht, fußt jede Form der Kultur in einer Gesellschaftskultur, welche oft mit Landeskultur gleichgesetzt wird. Scholz fügt dieser Kulturhierarchie noch

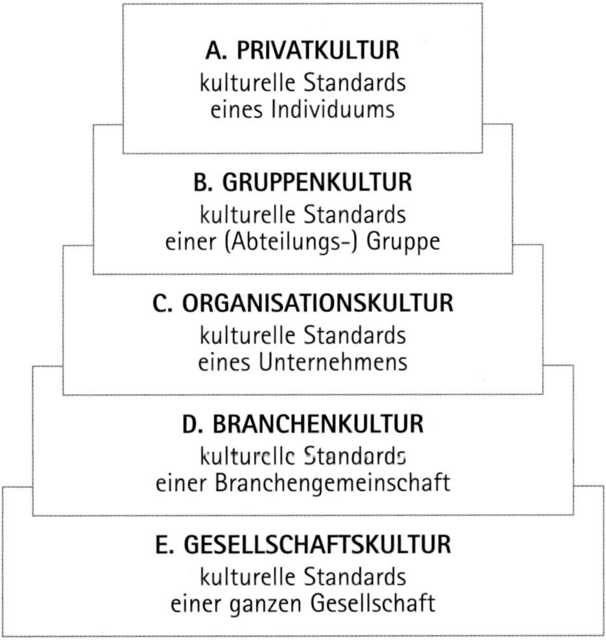

Abbildung 2: Kulturhierarchie – Schachtelmodell nach Scheuss (1985)[4]

[4] Abbildung aus: Kasper & Mayrhofer (2002)

eine Ebene hinzu, die Universalebene, „die sich im weitesten Sinne mit der Kultur von Menschen auseinandersetzt" (Scholz, 1990, S. 18). Wichtig in diesem Zusammenhang ist das Verständnis, dass zwischen verschiedenen kulturellen Ebenen differenziert wird, und „eine Person also gleichzeitig immer Mitglied mehrerer kultureller Systeme" (Scholz, 1990, S. 87) ist. Diese Überlappungen von Landes-, Regional-, Sub- und Unternehmenskulturen untermauern einmal mehr die Bedeutung interkultureller Kompetenzen als Basis für erfolgreiches Handeln in fremden Kulturen (Erten-Buch, 1999).

Der Fokus der vorliegenden Analyse liegt auf der Gegenüberstellung von Landeskulturen, jedoch in jenem Bewusstsein, dass innerhalb einer Nation verschiedene Kulturen nebeneinander existieren können und die Grenzen von Kulturkreisen nicht notwendigerweise mit Landesgrenzen übereinstimmen.

2.1.3 Entstehung kultureller Werte

Doch wie entsteht „Kultur" im sozialpsychologischen Verständnis? In Kapitel 1.1.1 wurde bereits erläutert, dass Kultur erlernt ist, von Generation zu Generation weiter gegeben wird und unser Verhalten und unsere Wahrnehmung maßgeblich beeinflusst. Das menschliche Verhalten und dessen Auswirkungen auf Kultur sind als Kreislauf wechselseitiger Beeinflussung zu sehen. Hofstede formuliert im Jahr 1998: „The cultural orientation of a society reflects the complex interaction of values, attitudes, and behaviors displayed by its members" (zitiert nach Adler, 2002, S. 17). Dieser Kreis wechselseitiger Beeinflussung soll in Abbildung 3 veranschaulicht werden.

Werte sind das Kernstück jeder Kultur und werden im Zuge der Sozialisation bereits im Kindesalter erlernt (Heller, 2005). Diese können sowohl bewusst als auch unbewusst verfüg-

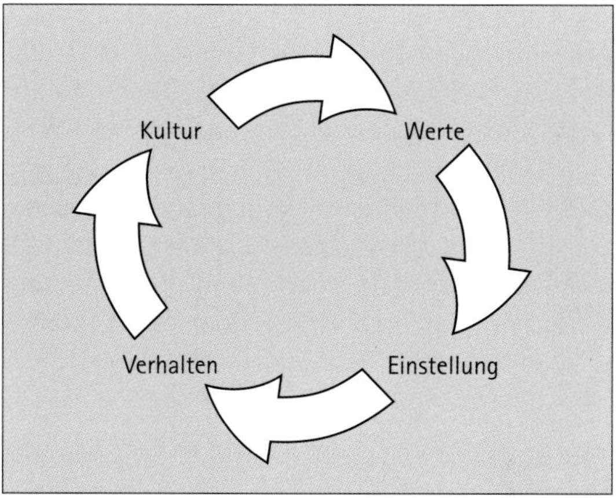

Abbildung 3: Gegenseitige Beeinflussung von Kultur und Verhalten[5]

bar sein und repräsentieren implizite beziehungsweise explizite Vorstellungen über „gut" und „böse" (Adler, 2002).

Die verinnerlichten Werte finden Ausdruck in Einstellungen und Haltungen, welche wiederum Aussagen treffen über das Agieren und Reagieren von Menschen in bestimmten Situationen. Daraus resultiert das tatsächliche Verhalten, das gleichzeitig die wahrgenommene Kultur prägt. Auf der anderen Seite beeinflusst Kultur das vorhandene Wertesystem, das wir im Zuge der Sozialisation erfahren. So schließt sich der Kreis (Adler, 2002).

Einen etwas anderen Zugang zu diesem Kreislauf haben Spencer-Oatey (1999, zitiert nach Dahl, 2000) beschrieben: Kultur ist in verschiedenen Schichten angeordnet, ähnlich jenen einer Zwiebel, wobei jede Schicht die andere bedingt. Im Zentrum stehen die Werte, welche die angrenzende Schicht der Normen und Einstellungen beeinflussen. Jene

[5] Abbildung aus: Adler (2002)

wiederum bedingen die sozialen, politischen und ökonomischen Systeme einer Gesellschaft. Am äußersten Rand des Kulturmodells befinden sich beobachtbares Verhalten und Rituale. Das soeben beschriebene Modell von Spencer-Oatey weist augenscheinliche Ähnlichkeiten mit der Vorstellung von „Kultur als Eisberg“ von Trompenaars auf. Demgemäß befinden sich Symbole, Rituale, Sprache sowie Architektur und Kleidung an der Oberfläche einer Kultur, der bedeutend größere Teil des Eisbergs liegt jedoch unter Wasser, und Normen, Werte und Einstellungen bleiben deshalb für uns unsichtbar (Perlitz, 2004, S. 251).

Keller (1982, S. 143) hingegen schreibt jedem Individuum eine Doppelrolle, als „kulturtragendes und kulturprägendes Subjekt“, zu. Einerseits prägt der Mensch durch seine Bedürfnisse und sein Verhalten seine kulturelle Umwelt, andererseits repräsentiert das Individuum ein „getreues Spiegelbild” (S. 144) des vorhandenen Kulturmusters. In gleicher Weise, in der der Mensch eine Sozialisation in der Gesellschaft erfährt, erlebt das Individuum in Bezug auf die Kultur eine so genannte Enkulturation. Unter „Enkulturation“ versteht Keller (1982) den „Prozess der Übernahme kultureller Werte, Überzeugungen und Verhaltensnormen“ (S. 144) sowie deren Verfestigung im (Unter-)Bewusstsein. Dies dient sowohl der Sicherung der Funktionsfähigkeit nach innen als auch dem Fortbestand von Kultur nach außen. Keller setzt hier bewusst Kultur nicht mit Gesellschaft gleich.

2.2 Ländervergleiche mittels Kulturdimensionen: bedeutende Studien

Um das Phänomen Kultur zu erfassen, wurde versucht, einzelne Kulturdimensionen zu identifizieren, um so Kulturvergleiche beziehungsweise Vergleiche länderspezifischer Kultur zu ermöglichen. Kulturstandards sind als Beschreibungsparameter einer Kultur zu verstehen und leiten „das Denken, Wahrnehmen, Urteilen und Handeln der Mitglieder einer Kultur in weiten Bereichen" (Thomas, 2001, S. 14).

Im Folgenden werden einige ausgewählte Kulturstudien vorgestellt, die auf ihrem Gebiet besondere Bedeutung erlangten. Diese Studien der kulturvergleichenden Managementforschung sollen einen Überblick über verschiedene Aspekte geben, anhand derer sowohl Unterschiede als auch Gemeinsamkeiten zweier Landeskulturen identifiziert werden können.

Die erste Studie, die im Folgenden vorgestellt wird, ist von Nancy Adler und ergründet die grundsätzliche Wahrnehmung des Menschen. Im Anschluss wird eine besonders bekannte Untersuchung der ländervergleichenden Kulturforschung diskutiert, jene von Geert Hofstede, und abschließend werden die Erkenntnisse Fons Trompenaars' dargestellt.

2.2.1 Grundorientierungen des Menschen: von Nancy Adler

In Anlehnung an Kluckhohn und Strodtbeck (1961) befasste sich Nancy Adler mit kulturellen Grundorientierungen von Gesellschaften. Diese sechs Dimensionen, die im Anschluss näher beleuchtet werden, sind Tabelle 1 zu entnehmen.

Wahrnehmung von	Dimensionen		
Individuum	Gut	Gut & Böse	Böse
Welt	Dominant	Harmonisch	Unterwürfig
Menschliche Beziehungen	Individuell	Laterale Gruppen	Hierarchische Gruppen
Aktivität	Doing	Controlling	Being
Zeit	Zukunft	Gegenwart	Vergangenheit
Raum	Privat	Gemischt	Öffentlich

Tabelle 1: Werte – Dimensionen nach Adler (Tabelle aus: Adler, 2002)

2.2.1.1 Natur des Menschen

Die erste kulturelle Dimension beschäftigt sich mit der Natur der Menschen. Vereinen Individuen grundsätzlich gut und böse in sich, und können sich bessern beziehungsweise ändern, oder wird fremden Menschen nur schwer Vertrauen entgegen gebracht? In Kulturen, in denen an das Gute im Menschen geglaubt wird, herrscht großes Vertrauen zueinander, ebenso wie in die Einhaltung von Verträgen. In Japan zum Beispiel glaubt man an das Gute im Menschen (Deresky, 2002). Ein chinesisches Sprichwort verdeutlicht den Glauben an die Fähigkeit sich zu wandeln: „Chinese strive to become better and, when better, to become perfect" (zitiert nach Adler, 2002, S. 24).

2.2.1.2 Beziehung zur Umwelt

Nach der Betrachtung der grundsätzlichen Wahrnehmung des Menschen soll nun die Beziehung des Menschen zur Natur näher erläutert werden.

In einer Kultur, in der die Menschen ihre Umwelt beherrschen, wird versucht, die Natur mit allen Mitteln zu kontrollieren und zu eigenen Gunsten zu beeinflussen. Diese Betrachtungsweise ist vor allem in westlichen Industrienationen anzutreffen. In China hingegen leben die Menschen in Harmonie mit der Umwelt und sehen sich „eins mit der Natur". Dies hat seinen Ursprung im „Tao Te Ching"[6], dem wahrscheinlich einflussreichsten Buch Chinas, das als Ausgangspunkt für den Taoismus gesehen wird (Knierim, 2006).

[6] Das Tao Te Ching wurde vor etwa 2.500 Jahren verfasst und stellte eine bedeutende Grundlage des chinesischen Gedankengutes dar (Knierim, 2006, 22. 3. 06).

2.2.1.3 Wahrnehmung von menschlichen Beziehungen

Die dritte Dimension klassifiziert die Wahrnehmung menschlicher Beziehungen. Adler unterscheidet zwischen Individualisten, die persönliche Charakteristika und Leistungen zur Beschreibung heran ziehen, und Kollektivisten. So sind in kollektivistisch orientierten Gesellschaften wie Japan und China Harmonie und Loyalität in der Gruppe besonders bedeutsam, und das Gemeinwohl steht über dem Wohl des Einzelnen. In weiterer Folge wird zwischen lateralen und hierarchischen Gruppenmitgliedschaften differenziert. Die letztgenannte Form der Gemeinschaft bezieht sich auf Gruppen, in die man hinein geboren wird, wogegen eine laterale Gruppe alle derzeitigen Mitglieder der Familie, einer bestimmten Gemeinschaft oder Organisation einschließt.

Diese Differenzierung der persönlichen Beziehungen beeinflusst auch den organisationalen Kontext maßgeblich. Individualistische Gesellschaften, wie zum Beispiel die USA, sind geographisch mobiler. Des Weiteren sind detaillierte Organigramme und Jobbeschreibungen, sowie rasche Entscheidungsprozesse Charakteristika einer individualistischen Orientierung. Im Gegensatz dazu werden in Japan viele Entscheidungen in der Gruppe getroffen und sind dadurch zeitaufwendiger, erleichtern jedoch die Implementierung (Adler, 2002). Später werden in diesem Kapitel Individualismus beziehungsweise Kollektivismus einer näheren Betrachtung unterzogen.

2.2.1.4 Verhaltensmotivation

Die Lebenseinstellung zur Aktivität beziehungsweise die Verhaltensmotivation differenziert die westliche Welt von südlicher gelegenen Ländern.

Eine „doing“-Mentalität impliziert das aktive Bemühen, das Beste aus seinem Leben zu machen und Resultate zu erzielen. „Do-ers maximize work“[7], wogegen „be-ers minimize work“[8] (Adler, 2002, S. 31). In „being”-orientierten Kulturen leben und arbeiten die Menschen für den Moment. Im Falle einer Gehaltserhöhung werden „do-ers“ noch mehr arbeiten, „be-ers“ hingegen werden weniger arbeiten, da sie jetzt genug Geld zum Leben verdienen. Stattdessen verbringen sie die Freizeit mit ihrer Familie.

Zwischen diesen beiden extremen Verhaltensweisen steht der kontrollierte Mensch. Dieser unterdrückt seine persönlichen Wünsche und distanziert sich von den begehrten Objekten, um so eine integrative Persönlichkeit zu entwickeln (Adler, 2002). Diese Lebenseinstellung trifft in sehr hohem Maße für Japan zu. Arbeit ist eine von außen auferlegte Pflicht, auch *on* genannt, Fleiß, Disziplin, Geduld und lebenslanges Lernen gehören zu den Tugenden (Deresky, 2002).

2.2.1.5 Zeitfokus

Die Zeitvorstellungen verschiedener Kulturen unterscheiden sich hinsichtlich ihrer Orientierung an Vergangenheit, Gegenwart beziehungsweise Zukunft und können in monochrone versus polychrone Kulturen eingeteilt werden.

Die USA sind eher gegenwarts- beziehungsweise zukunftsorientiert: Innovationen und Veränderungen werden verwirklicht, Pläne werden gemäß ihrem zukünftigen wirtschaftlichen Nutzen evaluiert. Europäer legen grundsätzlich viel Wert auf die Bewahrung der Geschichte (Adler, 2002). Dennoch haben laut Perlitz (2004) die drei Zeitdimensionen Vergangenheit, Gegenwart und Zukunft in europäischen Ländern – mit leichten Abweichungen zwischen den einzelnen Ländern – gleich große Bedeutung. In Lateinamerika

[7] Übersetzt: „Macher maximieren ihren Arbeitsaufwand."
[8] Übersetzt: „Genießer minimieren ihren Arbeitsaufwand."

hingegen spielen zukünftige Gegebenheiten eine geringere Rolle, ganz im Gegensatz zu Japan. Hier dominieren Gegenwart und Zukunft gleichermaßen, bei einer massiven Überlappung der drei Zeitvorstellungen. Eine Besonderheit der japanischen Gesellschaft ist die Zukunfts- und Langzeitorientierung, die zum Beispiel durch lebenslange Beschäftigung zum Ausdruck kommt. In China ist jedoch eine starke Trennung der Zeitdimensionen zu beobachten, wobei jeder Orientierung gleich große Bedeutung zugemessen wird.

Die Wahrnehmung von Zeit bestimmt auch die Bedeutung von Pünktlichkeit und den Zeitrahmen, der akzeptiert wird, diese zu überschreiten.

Die zweite Kategorisierung unterteilt in monchrone und polychrone Zeitauffassungen. Europäer und Amerikaner tendieren dazu, Dinge einzeln und nacheinander zu erledigen (monochron), wohingegen es in Lateinamerika und Asien durchaus üblich ist, viele Dinge gleichzeitig zu verrichten (polychron) (Perlitz, 2004).

2.2.1.6 Raumvorstellungen

Die letzte Dimension befasst sich mit dem Umgang mit physischem Raum. Die Wahrnehmung von privatem beziehungsweise öffentlichem Raum entspricht oft den Ausprägungen von Individualismus und Kollektivismus. In Organisationen würden die Fragen folgendermaßen lauten: Werden Meetings hinter verschlossenen Türen abgehalten? Werden Gäste vorerst beim Chef angemeldet, bevor sie eintreten dürfen, so wie es im deutschsprachigen Raum üblich ist? Überwiegen getrennte private Büros oder steht der Schreibtisch des Chefs neben jenem des einfachen Angestellten, wie dies bis vor kurzem in Japan zu finden war? (Adler, 2002) In gleicher Weise ist auch die räumliche Orientierung gegenüber anderen Individuen, die den Grad der sozialen Distanz signalisiert, im interkulturellen Management von großer Bedeutung (Perlitz, 2004).

Obwohl die Ausführungen von Nancy Adler in Bezug auf verschiedene Kulturdimensionen hier enden, soll an dieser Stelle eine weitere Dimension, die der Kontextualität, erwähnt werden. Diese Dimension stammt ursprünglich aus einer Untersuchung, die Hall und Hall 1990 durchführten. Bei der Unterscheidung von „low-context" und „high-context" Kulturen wird im Besonderen auf die Kommunikation Bezug genommen (Fink et al., 2005, S. 7).

In östlichen Kulturen (high-context) hängt die Interpretation einer Aussage beziehungsweise des Verhaltens sehr stark vom Kontext der Situation und der persönlichen Beziehung ab. Die nonverbale Kommunikation und ein „zwischen den Zeilen Lesen" sind an dieser Stelle essentiell, um Missverständnisse zu vermeiden. „Low-context" Kulturen (USA, Mitteleuropa) sind hingegen durch direkte verbale Kommunikation charakterisiert. Gefühle und Empfindungen werden explizit ausgesprochen und thematisiert; die nonverbale Kommunikation tritt daher in den Hintergrund (Perlitz, 2004).

2.2.1.7 Bewertung

Nancy Adler gilt als eine herausragende Autorität auf dem Gebiet der cross-cultural Management Forschung. Anfang der 80er Jahre erlangten im Besonderen ihre Arbeiten über Frauen im internationalen Management große Bedeutung (Knowledge Dialogue, 2000–2006). Der oben beschriebene Zugang zu kulturellen Wertorientierungen von Gesellschaften beruht auf einer Arbeit von Kluckhohn und Strodtbeck aus den frühen 60er Jahren. Folglich werden Adlers kulturelle Werteorientierungen kaum kritischer Betrachtung unterzogen. Kluckhohn und Strodtbeck beschrieben universelle

Probleme der Menschheit, für die lediglich eine begrenzte Anzahl an denkbaren Lösungen existiert. Diese Lösungsmöglichkeiten seien allen Mitgliedern der Gesellschaft zu jeder Zeit bekannt. Entscheidend ist nun, welche Gesellschaft welche Prioritäten setzt beziehungsweise Lösung bevorzugt, diese universellen Fragen zu beantworten. Kluckhohn und Strodtbeck formulierten dazu fünf Dimensionen, erst später fügte Adler die Dimension „Raum" hinzu (Hills, 2002).

Adler beziehungsweise Kluckhohn und Strodtbeck identifizierten gesellschaftliche Grundwerte, die von Kultur zu Kultur differenzieren können, um eine theoretische Basis für empirische Untersuchungen zu schaffen. Demgegenüber stellten empirische Untersuchungen bei Hofstede und Trompenaars den Ausgangspunkt der Studien dar; die Dimensionen wurden erst im Nachhinein formuliert. Laut Hills (2002) repräsentiert die Identifikation von Werteorientierungen, im Gegensatz zur Identifikation von Einstellungen, eine valide Basis für interkulturelle Vergleiche. Dem könnte die mangelnde praktische Überprüfung entgegengehalten werden.

2.2.2 Eine Untersuchung bei IBM von Geert Hofstede

Eine der bedeutendsten Länder vergleichenden Kulturstudien ließ Geert Hofstede zwischen 1967 und 1973 durchführen. Mit dem Ziel, kulturbasierende Gemeinsamkeiten und Unterschiede in 40 Ländern, später ausgeweitet auf 50 Nationen und drei Regionen[9], aufzuzeigen, beruht seine Untersuchung auf 116.000 schriftlichen Befragungen. Die Erhebung umfasste ausschließlich Mitarbeiter der Firma IBM.

[9] Insgesamt erhielt Hofstede Fragebögen aus 72 Ländern (Hofstede, 2001).

Die Ergebnisse belegten, dass Einstellungen und Verhalten der befragten Individuen zu 49 Prozent durch die jeweilige Landeskultur erklärt werden können (Fink et al. 2005, zitiert nach Hofstede, 2001).

In seiner Analyse identifiziert Hofstede vier Dimensionen, mit Hilfe derer sich Landeskulturen beschreiben, beziehungsweise Gemeinsamkeiten und Unterschiede analysieren lassen: „Machtdistanz", „Unsicherheitsvermeidung", „Individualismus-Kollektivismus", „Maskulinität-Femininität". Auf der Basis der Ausprägungen der Dimensionen wurden folgende Indexwerte erstellt: PDI, UAI, IND, MAS[10]. Die vier Dimensionen werden im Folgenden in ihren Grundzügen skizziert.

2.2.2.1 Machtabstand

Hofstede definiert *Machtdistanz* als „the extent to which the less powerful members of institutions and organizations within a country expect and accept that power is distributed unequally" (Hofstede, 1991, S. 28). Mit dieser Dimension beschreibt Hofstede die unter den Mitgliedern einer Gesellschaft verbreitete Akzeptanz ungleicher Machtverteilung. Hohe Machtabstand-Indexwerte sind in lateinamerikanischen und asiatischen Ländern (Malaysia, die Philippinen und Mexiko) zu beobachten, wo Untergebene in großem Maße den Status und die formale Autorität ihrer Vorgesetzten akzeptieren (Deresky, 2002). Des Weiteren werden Privilegien nach außen sichtbar angewandt (Perlitz, 2004), wohingegen in Ländern, in denen ein niedriger Machtabstand nachgewiesen wurde, kaum hierarchische Statusunterschiede von Bedeutung sind (Deresky, 2002). Dezentrale

[10] PDI = Power Distance Index; entspricht Machtabstandsindex.
UAI = Uncertainty Avoidance Index; entspricht Unsicherheitsvermeidungsindex.
IND = Individualismus-Index, MAS = Maskulinitätsindex.

Strukturen und durchlässige Hierarchien sind für Länder mit einem niedrigen Machtdistanz-Index charakteristisch (Adler, 2002). In diese Kategorie fallen gemäß Hofstede vor allem die germanischen (allen voran Österreich mit dem niedrigsten MDI), die skandinavischen und angloamerikanischen Länder (Perlitz, 2004). Scholz (1990) entdeckte in diesem Kontext einen bemerkenswerten Zusammenhang: Südliche Länder beziehungsweise Länder mit hoher Bevölkerungsdichte weisen einen deutlich höheren Machtabstand auf, was aber auch auf die autoritären politischen Machtverhältnisse, zum Beispiel in Mexiko und Japan, zurück geführt werden kann. Darüber hinaus gelang es Hofstede einen hohen Machtabstand in romanischen Ländern nachzuweisen, obwohl diese über demokratische Verfassungen bei gleichzeitiger politischer Stabilität verfügen[11].

2.2.2.2 Unsicherheitsvermeidung

Die zweite Dimension *Unsicherheitsvermeidung* kennzeichnet das „Ausmaß, in dem eine Gesellschaft sich durch unsichere, mehrdeutige Situationen bedroht fühlt, und wie sie versucht, solche Situationen durch formale Regeln und Programme zu vermeiden" (Staehle, 1999, S. 504).

Gesellschaften mit starker Tendenz zur Unsicherheitsvermeidung, wie zum Beispiel Griechenland, Portugal und Japan, versuchen die Zukunft mit Hilfe von formalen Regeln, Gesetzen und Verhaltensnormen zu kontrollieren und weisen eine geringe Toleranz gegenüber ambivalenten und unstrukturierten Situationen auf (Perlitz, 2004). In diesen Kulturkreisen sind auch lebenslange Beschäftigung und ein stark ausgeprägtes Nationalitätsbewusstsein zu finden (Deresky, 2002). Gemäß Scholz (1990) weisen Österreich

[11] Diese Ausprägung ist auf die Historie und das zentralistisch organisierte römische Reich zurück zu führen.

und Deutschland ein höheres Streben nach Unsicherheitsvermeidung als Großbritannien und die USA auf, da die Ersteren später zu demokratischen Regierungsformen fanden als die beiden letzteren.[12] In Dänemark und Singapur hingegen ist das Bestreben Unsicherheit zu vermeiden lediglich schwach ausgeprägt, was wiederum eine höhere Job-Mobilität und weniger formale Organisationsstrukturen ermöglicht (Adler, 2002). In diesen Ländern wird Risiko eher als Herausforderung und weniger als Bedrohung empfunden (Dahl, 2000).

2.2.2.3 Individualismus versus Kollektivismus

Individualismus beziehungsweise Kollektivismus[13] untersucht, „inwieweit sich die Menschen einer bestimmten Gesellschaft eher als einzelne, unabhängige Individuen oder als Mitglieder einer Gruppe definieren" (Hofstede, 1980, zitiert nach Perlitz, 2004, S. 255), mit anderen Worten, die Vorstellung darüber, in welchem Verhältnis sich die Menschen zu ihren Mitmenschen sehen. Das Ausmaß, in dem Eigeninitiative, Selbstversorgung und persönliche Leistung betont wird, bestimmt den Grad der Ausprägung von Individualismus beziehungsweise Kollektivismus in einer Gesellschaft (Deresky, 2002; Staehle, 1999). Während in einer individualistisch orientierten Gesellschaft lose Bindungen zwischen einzelnen Personen überwiegen, ist Kollektivismus von einem starken Zusammenhalt der Gruppen gekennzeichnet. Man fühlt sich als integraler Bestandteil dieser Gruppe(n), in die man hinein geboren wird. Im Gegenzug verlangt die Gruppe bedingungslose Loyalität (Hofstede, 1991).

[12] So kennt zum Beispiel Großbritannien keine Verfassung, die in einem schriftlichen Dokument niedergelegt ist.

[13] Hofstede charakterisiert bezeichnenderweise kollektivistische Länder als „Gemeinschaft", wohingegen „Gesellschaft" als Inbegriff einer individualistischen Orientierung, wie zum Beispiel in den USA, gesehen wird (Scholz, 1990).

Die Unterscheidung von Individualismus und Kollektivismus ist im Besonderen für organisationale Anreizsysteme relevant, da Bonusprogramme, die ausschließlich für individuelle Leistungen konzipiert sind, in kollektivistisch orientierten Gesellschaften unter Umständen kontraproduktiv wirken (Dahl, 2000).

Eine starke positive Korrelation wurde zwischen dem Wohlstand eines Landes und der Ausprägung von Individualismus festgestellt. Beinahe alle wohlhabenden Länder können einen hohen Individualismus-Indexwert verzeichnen, allen voran die USA, während die ärmeren Länder Afrikas, Asiens und Südamerikas geringere Indexwerte aufweisen (Perlitz, 2004; Scholz 1990). Die Verbreitung kommunistischer Ideologien in überwiegend kollektivistischen Ländern wie zum Beispiel Italien, Spanien und China, könnte des Weiteren auf einen Zusammenhang von Kollektivismus und der Neigung zu kommunistischen Ideen hinweisen (Dahl, 2000)[14].

2.2.2.4 Maskulinität versus Femininität

„The duality of the sexes is a fundamental fact with which different societies cope in different ways" (Hofstede, 1980, S. 261, zitiert nach Scholz, 1990, S. 98). Der Maskulinitäts-Index bringt die Bevorzugung männlicher Werte gegenüber femininen Werten in einer Gesellschaft zum Ausdruck.

In einer femininen Kultur wird auf zwischenmenschliche Beziehungen sowie auf Kooperation und Lebensqualität besonderer Wert gelegt (Adler, 2002). Wohingegen Maskulinität Selbstbehauptung, Leistung, materiellen Erfolg und fehlendes Interesse an den Mitmenschen signalisiert (Scholz, 1990). Tendenziell wurde ein hoher MAS-Index in jenen Ländern nachgewiesen, in denen die Geschlechterrollen klar

---

[14] Fraglich bleibt allerdings die Richtung dieses Wirkungszusammenhangs.

definiert und explizit voneinander getrennt sind (Hofstede, 1991). Dies konnte vor allem in äquatornahen Ländern sowie im deutschsprachigen und angloamerikanischen Raum beobachtet werden. Den höchsten Maskulinitäts-Index erreichte Japan, dicht gefolgt von Österreich an zweiter Stelle (Hofstede, 1991). Die skandinavischen Länder sowie die Länder Asiens[15] sind hingegen eher feminin ausgerichtet.

Im organisationalen Kontext ist darauf hinzuweisen, dass der Grad der Ausprägung von Maskulinität beziehungsweise Femininität in einer Gesellschaft einen beträchtlichen Einfluss auf die Motivation hat. Während in Schweden eine Erhöhung des Einkommens oft das Ziel einer Motivationssteigerung verfehlt, stellt dies im Allgemeinen in den USA einen Anreiz für eine Leistungsintensivierung dar (Adler, 2002).

2.2.2.5 Langfrist- versus Kurzfristorientierung

Um die kulturelle Besonderheit ostasiatischer Staaten zu berücksichtigen, wurde Hofstedes Untersuchung nachträglich eine fünfte Dimension hinzugefügt. Diese wurde ursprünglich als „konfuzianische Dynamik“ bezeichnet. Da bereits bei der Auswahl der Fragen die wertende Meinung des Forschers einfließt und Hofstede unterstellt wurde, seine Untersuchung wäre durch seine westliche Herkunft verzerrt, wurden chinesische Forscher in die Folgeuntersuchung eingebunden. In Folge führte der Psychologe Michael Bond 1991 im Rahmen der ‚Chinese Culture Connection‘ eine Werteuntersuchung an Studenten in 23 Ländern durch.

Die Erkenntnisse zeigten, dass drei der vier identifizierten Dimensionen mit jenen Hofstedes übereinstimmten (Smith,

[15] mit Ausnahme von Japan

1998). Des Weiteren fand man eine Dimension, die über Arbeitsethik und Respekt gegenüber Traditionen Auskunft gibt. Im Besonderen wird die Bedeutung traditioneller konfuzianischer Werte analysiert (Adler, 2002).[16]

In Kulturen mit langfristiger Orientierung sind Ausdauer im Verfolgen von Zielen, Sparsamkeit sowie ein ausgeprägtes Schamgefühl kennzeichnend. Des Weiteren sind Stabilität, die Wahrung des Gesichts und der Respekt gegenüber Traditionen als Merkmale einer langfristigen Orientierung zu sehen (Perlitz, 2004). Hanisch (2003) jedoch unterscheidet zwischen zukunftsorientierten konfuzianischen Werten und gegenwarts- beziehungsweise vergangenheitsorientierten Werten. Die Ersteren stimmen mit den Charakteristika von Langfristorientierung überein, und die Letzteren entsprechen der Kurzfristorientierung. Den höchsten Indexwert für Langfristorientierung erreichte China, gefolgt von Hongkong, Taiwan und Japan. Deutschland und die USA befinden sich im Mittelfeld, tendieren aber zur Kurzfristorientierung (Perlitz, 2004).

An dieser Stelle ist zu erwähnen, dass die von Hofstede identifizierten Dimensionen interdependent und interaktiv miteinander in Verbindung stehen (Deresky, 2002). Die Dimensionen *Individualismus* und *Power Distance* weisen zum Beispiel eine stark negative Korrelation auf. Für Nordamerika und die meisten europäischen Länder wurden ein hoher Individualismus-Wert und eine geringe Ausprägung von Machtdistanz ausgewiesen. In lateinamerikanischen und asiatischen Ländern hingegen trifft man auf eine entgegengesetzte Ausprägung der beiden Dimensionen (Smith & Bond, 1998). Besonders zu erwähnen ist auch der enge Zusammenhang der Ausprägungen *Uncertainty Avoidance*

[16] In den 90er Jahren assoziierten viele Forscher das schnelle Wachstum der „Four Tigers" Asiens mit einer starken Ausprägung der konfuzianischen Dimension (Adler, 2002).

und *Power Distance*. Westliche Industrienationen weisen eine geringe Toleranz gegenüber Machtunterschieden auf und fühlen sich gleichzeitig in einem geringen Maße durch Unsicherheiten bedroht (Staehle, 1999).

Basierend auf den Werten der vier ursprünglichen Dimensionen erkannte Hofstede, dass einige Länder gleichartige Kulturmuster aufweisen und unterschied infolge acht Kulturregionen: germanische Länder, angloamerikanische Länder, nordische Länder, weniger entwickelte romanische Länder, höher entwickelte romanische Länder, weniger entwickelte asiatische Länder, höher entwickelte asiatische Länder und Naher Osten (Scholz, 1990).

2.2.2.6 Bewertung

Im Bereich der Kulturvergleichenden Managementforschung wird die Studie trotz ihres hohen Alters heute noch als Basis für viele Untersuchungen herangezogen. Dies ist vor allem darin begründet, dass Hofstedes Untersuchung nach wie vor als die umfangreichste Kulturstudie, sowohl in Bezug auf die berücksichtigten Länder als auch im Hinblick auf die Anzahl der Befragten, gilt (Perlitz 2004).

Ein oftmals geäußerter Kritikpunkt an Hofstedes Untersuchung ist die Gleichsetzung der untersuchten Kulturkreise mit nationalen Grenzen (Perlitz 2004). In weiterer Folge werden Subkulturen nicht berücksichtigt und es wird die kulturelle Homogenität unterstellt. Des Weiteren wurde die IBM Befragung vorwiegend an Männern aus den Bereichen Marketing und Service durchgeführt (Smith & Bond, 1998). Darüber hinaus soll darauf hingewiesen werden, dass nur ein Unternehmen Gegenstand der Untersuchung war, das Sample folglich nicht als repräsentativ angesehen werden kann. Dennoch deckte Hofstede im Rahmen seiner Untersuchung nationale Kulturunterschiede auf. Die konzentrierte

Erhebung in nur einem Unternehmen kann folglich als Stärke dieser Studie gesehen werden (Smith & Bond, 1998).

2.2.3 Beziehungen im Kulturkontext: von Fons Trompenaars

Eine weitere Studie, die neben der Untersuchung Geert Hofstedes ähnliche Bekanntheit erlangte, ist jene des Niederländers Fons Trompenaars, die gemeinsam mit Hamden-Turner durchgeführt wurde und im Folgenden erläutert wird. Die Untersuchung beruht auf der Befragung von 15.000 Managern, durchgeführt im Jahre 1993 in 40 Ländern[17].

In weiterer Folge unterscheidet Trompenaars sechs Kulturdimensionen, von denen jedoch nur fünf für die vorliegende Arbeit relevant sind. Diese sind „Universalismus versus Partikularismus", „neutrale versus affektive Beziehungen", „spezifische versus diffuse Beziehungen", „Leistung versus Ansehen" und „Individualismus versus Kommunitarismus". Da sich die letztgenannte Dimension weitgehend mit der Dimension „Individualismus/Kollektivismus" von Geert Hofstede deckt, und diese bereits im vorherigen Kapitel ausführlich dargestellt wurde, sollen im Anschluss nur vier der fünf Aspekte vorgestellt werden.

2.2.3.1 Universalismus versus Partikularismus

Universalistische Kulturen, wie zum Beispiel die USA, Kanada, die nordischen und germanischen Nationen, legen großen Wert auf die objektive Einhaltung von Regeln und Gesetzen. In universalistisch orientierten Gesellschaften gilt das Prinzip, dass alle Menschen vor dem Gesetz gleich sind. Demgegenüber ist in einer partikularistischen Gesellschaft die Sichtweise beziehungsweise die Anwendung von Regeln von Beziehungen und dem persönlichen Background abhängig. Somit rückt die spezifische Situation in den Vorder-

[17] Perlitz (2004) meint, die Studie Trompenaars' wurde in 47 Ländern durchgeführt.

grund. Regeln werden nur als Richtwerte betrachtet und interpersonales Vertrauen bestimmt das Verhalten. So sind zum Beispiel in partikularistischen Kulturen, wie in China, Japan, Venezuela und einigen lateinamerikanischen Ländern, sehr lose und ungenau formulierte Verträge üblich, zumal auf die Stärke der interpersonalen Beziehung vertraut wird. Im Gegensatz dazu wird in Deutschland jede kleinste Eventualität vertraglich geregelt (Adler, 2002; Deresky, 2002; Perlitz, 2004). Dahl (2000) unterstellt in diesem Zusammenhang, jedoch mit einiger Vorsicht, eine Korrelation von Individualismus und Universalismus.

2.2.3.2 Neutrale versus affektive Beziehungen

Während in emotionalen Kulturen Gefühle expressiv gezeigt werden, steht in neutralen Kulturen das rationale Verhalten im Vordergrund, Emotionen werden unterdrückt und das Individuum wirkt unnahbar. Beispiele für affektive Gesellschaften sind romanische und arabische Nationen; Japan und China hingegen, aber auch Deutschland und Österreich repräsentieren neutrale Kulturen (Deresky, 2002; Perlitz, 2004). Die Unterscheidung in neutrale beziehungsweise affektive Beziehungen steht in enger Beziehung mit der Einteilung in „low-context" und „high-context" Kulturen, welche bereits zuvor erwähnt wurde.

2.2.3.3 Spezifische versus diffuse Beziehungen

Spezifische Beziehungen sind gekennzeichnet durch eine klare Trennung von Arbeit und Familie beziehungsweise Freizeit und eine direkte, extrovertierte, auf Konfrontationen gerichtete Sichtweise der Dinge. Diese Form der Beziehung ist vor allem in westlichen Industriestaaten vorzufinden. China, Indonesien und Chile gelten als diffuse Gesellschaften, da sich in diesen Ländern unterschiedliche Lebensbereiche nicht voneinander trennen lassen. Beruf und Familie gehören zusammen, und die Menschen erscheinen introvertiert (Deresky, 2002; Perlitz, 2004).

2.2.3.4 Leistung versus Ansehen

Diese letzte Dimension Trompenaars' versucht die Frage zu beantworten, welche Quelle von einer Gesellschaft in Anspruch genommen wird, um Macht und Status zu legitimieren: individuelle Leistung oder Ansehen aufgrund der Herkunft, der Klasse, des Alters etc. In den USA und einigen Ländern Skandinaviens wird von Chancengleichheit ausgegangen. Jeder kann durch Leistung einen höheren Status erlangen. In den Ländern Südamerikas und Asiens hingegen spielen das Ansehen, und damit die soziale Herkunft, das Alter und die religiöse Überzeugung eine weitaus essentiellere Rolle. Die deutschsprachigen Länder nehmen sowohl Leistung als auch Ansehen in Anspruch, um gesellschaftlichen Status zu legitimieren (Deresky, 2002; Perlitz, 2004).

2.2.3.5 Bewertung

Bei der von Trompenaars durchgeführten Befragung wurde im Gegensatz zu Hofstedes Erhebung eine weitaus kleinere Stichprobe herangezogen. Dennoch wird seine Untersuchung in einschlägiger Literatur gleich neben jener Hofstedes angeführt, was ein Indiz dafür sein könnte, dass die Studie ebenso große Bedeutung erlangte, wie jene Hofstedes. Die identifizierten kulturellen Dimensionen sind stark an Hofstede angelehnt und werden gemäß Dahl (2000) eher von Praktikern als von Wissenschaftlern angewandt. Die Ursache dafür sieht Dahl in der Validierung, welche in der vorliegenden Studie „weniger unabhängig" vorgenommen wurde als bei der Untersuchung Hofstedes. Ein weiterer Kritikpunkt ist die Konzentration auf Dimensionen, die an der Oberfläche beziehungsweise am äußeren Rand des

Kulturmodells zu finden sind, so zum Beispiel die Dimension neutrale/emotionale Beziehungen.

Dies liegt darin, dass Trompenaars einen gänzlich anderen Zugang zur Thematik Kultur wählte als Hofstede. Er betrachtet Kultur als „Weg, auf dem menschliche Gesellschaften zur Lösung von Problemen finden" (zitiert nach Pudelko, 2000a, S. 35). Demgemäß untersuchte er mögliche Ansätze, die in verschiedenen Kulturen zur Lösung der folgenden drei Problembereiche angewandt werden können: Probleme, die sich aus Beziehungen zu anderen Menschen ergeben, die im Verlauf der Zeit entstanden sind und jene, die aus der Umwelt herrühren. Die oben erläuterten Kulturdimensionen betreffen ausschließlich die Unterschiede in menschlichen Beziehungen.

Der Ansatz Trompenaars' weist starke Ähnlichkeiten mit dem Modell Adlers auf, das für verschiedene menschliche Probleme kulturspezifische Lösungen abbildet. Trompenaars stellt jedoch die Beziehung zu anderen Menschen in den Vordergrund, wohingegen diese bei Adler lediglich einen Aspekt repräsentiert.

2.2.4 Zusammenfassende Betrachtung der ausgewählten Studien

In diesem Kapitel wurden drei ausgesuchte Studien im Detail vorgestellt, im Anschluss soll nun eine überblicksartige Zusammenfassung die identifizierten Kulturdimensionen veranschaulichen.

Wie aus der abgebildeten Tabelle 2 ersichtlich ist, unterscheiden sich die von Adler, Hofstede und Trompenaars identifizierten Kulturdimensionen sehr deutlich. Lediglich eine Dimension, jene von *Individualismus versus Kollektivismus*, wurde in allen drei Studien berücksichtigt. Es sei

Adler	Hofstede	Trompenaars
Individuum	Machtabstand	Universalismus/ Partikularismus
Welt	Unsicherheitsvermeidung Individualismus/ Kollektivismus	Neutral/Affektiv
Aktivität	Maskulinität/Femininität	Spezifisch/Diffus
Zeit	Langzeitorientierung	Leistung/Ansehen
Raum		

Tabelle 2: Überblick der dargestellten Kulturstudien
Tabelle aus: Adler (2002), Hofstede (2001), Perlitz (2004)

jedoch erwähnt, dass Nancy Adler in ihren Arbeiten nicht explizit von Individualismus beziehungsweise Kollektivismus, sondern von menschlichen Beziehungen, spricht. Aus den in Kapitel 2.2.1.3 angeführten Ausprägungen menschlicher Beziehungen ist jedoch deren Bedeutung zu erkennen.

Bei genauerer Betrachtung der drei Untersuchungen wird augenscheinlich, dass ausschließlich Nancy Adler sich unterschiedlichen Raumvorstellungen gewidmet hat. Die Dimension der zeitlichen Orientierung ist hingegen sowohl bei Hofstede als auch bei Adler zu finden. Wie bereits festgestellt wurde, unterscheidet sich die Studie Adlers von den anderen beiden dahingehend, dass diese auf theoretischen Werteorientierungen basiert und eher allgemein gehalten ist. Hofstede und Trompenaars hingegen identifizierten die oben angeführten Dimensionen aufgrund empirischer Daten. Während Hofstede sich in erster Linie auf das Verhalten von Organisationsmitgliedern bezieht, stehen bei Trompenaars zwischenmenschliche Beziehungen im Mittelpunkt.

In der Folge kann es daher problematisch sein, die ausgewählten Studien einem Vergleich zu unterziehen.

3. China – das Reich der Mitte

3.1 Einführung

China gilt für viele westliche Unternehmen als aufstrebendes Wirtschaftswunder und als einer der großen Märkte der Zukunft. Derzeit ist die Volksrepublik China nach den USA, Japan und Deutschland die viertgrößte Wirtschaftsmacht der Welt, und seine rund 1,3 Milliarden Einwohner repräsentieren ca. 20 Prozent der Weltbevölkerung (Außenwirtschaft Österreich, 2006; Penzias, 2006). Zwei Drittel der Einwohner Chinas leben in ländlichen Gebieten. Flächenmäßig ist China, nach Russland und Kanada, die drittgrößte Nation der Erde.

Seit seiner Öffnung für die Marktwirtschaft 1978 erreichte China ein durchschnittliches Wachstum des Bruttoinlandsprodukts von 9,5 Prozent (Hanisch, 2003). Chinas derzeitiger Anteil an der Weltwirtschaft beträgt 13,7 Prozent (Seifert & Grimm, 2006). In den Augen Vieler gilt China als einer der wichtigsten Wachstumsmärkte der Zukunft. Zum einen durch den enormen Bedarf an Konsumgütern, der in einer Bevölkerung von 1,3 Milliarden Menschen aufkommen wird, und zum anderen aufgrund der niedrigen Arbeitsmarktkosten, die für China einen großen internationalen Standortvorteil bedeuten. Gemäß Goldman Sachs' BRIC-Report[18] wird China die USA im Jahre 2042 – gemessen am Bruttoinlandsprodukt – überholen und damit stärkste Wirtschaftsmacht der Welt sein (Penzias, 2006).

Die anfängliche Euphorie über das chinesische Wirtschaftswunder scheint jedoch angesichts der drohenden Umweltfrage ein wenig zu verblassen. Einerseits sieht sich China

[18] Brasilien, Russland, Indien, China

mit den Folgen der Ressourcenzerstörung wie Entwaldung und Verwüstung konfrontiert – bereits 27 Prozent der Fläche Chinas sind Wüste –, zum anderen nehmen der Mangel an sauberem Trinkwasser und die Schadstoffemissionen erschreckende Ausmaße an. Jährlich werden rund 400.000 Todesfälle aufgrund der Luftverschmutzung verzeichnet (Wochenschau, 2006.19.03). Zudem stellt die soziale beziehungsweise regionale Polarisierung – die wachsende Kluft zwischen Arm und Reich beziehungsweise zwischen der Küsten- und der Westregion Chinas – eine große Herausforderung dar. Der politischen und sozialen Stabilität kommt insofern in einem Reformstaat wie China eine bedeutende Rolle zu (Außenwirtschaft, 2006a; Zakaria, 2005).

Die Arbeitsbedingungen in China, besonders jene der 150 Millionen Wanderarbeiter, gelten als katastrophal. Kinderarbeit, eine Sieben-Tage-Woche und Jahresurlaube von weniger als einer Woche sind nicht unüblich. Westliche Unternehmer profitieren folglich von billigen Arbeitskräften (Seifert, 2006; Lietsch, 2006). Nichtsdestotrotz stellen die mangelnde Stabilität des Rechtssystems und geringe Qualifikationen chinesischer Arbeitnehmer sowie differenzierte Qualitätsansprüche zunehmend unerwartete Barrieren für westliche Unternehmen dar. Darüber hinaus entsteht nun die Befürchtung, dass sich Japans Seifenblasenkonjunktur aufgrund der Bankenpolitik Chinas in der Volksrepublik China wiederholen wird (Kin & Rodman, 2006). Laut Zakaria (2005) wird China mit all jenen Problemen zu kämpfen haben, die auch Japan in den 90er Jahren erschütterten. Zu diesem Zeitpunkt aber wird China bereits die zweitgrößte Wirtschaftsmacht der Welt sein.

Die Frage ist nun, ob das kommunistische China diese und andere Probleme rechtzeitig bewältigen kann, um so zukünftig ein gesundes Wirtschaftswachstum zu ermöglichen.

3.2 Makroökonomische Betrachtung

(...)

3.2.1 Entwicklung der letzten 50 Jahre

Seit der Gründung der Volksrepublik China im Jahre 1949 wurde unter Mao Tse-tung eine Politik der Abschottung und der ökonomischen Isolation betrieben. Mit der „Kulturrevolution" von 1966 bis 1976 und dem Beginn der Wirtschaftsreformen 1978 wurde das Land unter Deng Xiaoping für die Marktwirtschaft geöffnet und Auslandskapital ins Land geholt. Die Politik der Ein-Kind-Familie wurde eingeführt, um so den wirtschaftlichen Aufschwung nicht durch verstärktes Bevölkerungswachstum zunichte zu machen (Grimm, 2006). Bis Anfang der 90er Jahre fand eine zweigleisige Reformpolitik statt, die sich durch ein Nebeneinander von Plan- und Marktwirtschaft auszeichnete (Schüller, 2000). Bereits 1985 erklärte der damalige Generalsekretär der Kommunistischen Partei Chinas Hu Yaobang, dass China als ein moderner sozialistischer Staat zukünftig „zu den reichsten und mächtigsten Staaten der Erde gehören werde" (Reinhold, 1992, S. 31).

Erst 1992 verabschiedete die Kommunistische Partei Chinas das Konzept einer „sozialistischen Marktwirtschaft chinesischer Prägung". Die Entscheidung für eine Öffnung des Landes war Ausgangspunkt zahlreicher marktorientierter Reformen in allen Wirtschaftsbereichen. Teil des Reformpakets waren auch eine Reform der Staatsbetriebe und die Anerkennung privaten Eigentums (Grimm, 2006).

Seither findet ein rascher wirtschaftlicher und gesellschaftlicher Umbruch statt. Die Volksrepublik China wies fortan Wachstumsraten auf, die teilweise über jenen der so genannten „kleinen Tigerstaaten"[19] lagen (Hanisch, 2003).

[19] Singapur, Südkorea und Taiwan

Dieser Wachstumstrend wurde auch von der Wirtschaftskrise in Südostasien Mitte der 90er Jahre nur mäßig beeinflusst. Mit dem Beitritt zur WTO im Dezember 2001 wurde eine verstärkte Einbindung in die globale Wirtschaft ermöglicht. Ein zusätzlicher Anpassungsdruck beziehungsweise ein intensivierter Preis- beziehungsweise Qualitätswettbewerb waren die Folge. Im darauf folgenden Jahr wurde eine Rekordarbeitslosenrate von 170 Millionen ausgewiesen (Schüller, 2000). Angesichts der bereits erwähnten sozialen und ökologischen Probleme, mit denen sich die Volksrepublik nun konfrontiert sieht, wurden am Parteitag der Kommunistischen Partei im Oktober 2005 der „Aufbau einer harmonischen Gesellschaft" und die Sicherung der Stabilität als oberste Ziele formuliert (Botschaft der VR China[20], 2004a).

3.2.2 Derzeitige wirtschaftliche Lage und Perspektiven

Obwohl 49 Prozent der Bevölkerung in der Landwirtschaft tätig sind, beträgt der Anteil der Landwirtschaft am BIP nur 12,5 Prozent (Seifert, 2006). Der Anteil des Dienstleistungssektors am BIP steigt hingegen stetig. Nach Sektoren gegliedert entfallen 47,3 Prozent des BIPs auf die Industrie und 40,3 Prozent auf den Dienstleistungssektor. Im zweiten Halbjahr 2005 war ein hohes Wirtschaftswachstum von 9,9 Prozent zu beobachten, das höher ausfiel als erwartet. Das Ziel der Regierung, das Wirtschaftswachstum zu verlangsamen, um die Überhitzung der Wirtschaft einzudämmen, war somit nur mäßig erfolgreich. Die Volksrepublik rückte folglich zur viertgrößten Volkswirtschaft der Welt auf und verdrängte Großbritannien und Frankreich auf die Plätze fünf und sechs (Außenwirtschaft Österreich, 2006a).

[20] Im Literaturverzeichnis angeführt unter *Botschaft der Volksrepublik China in der Republik Österreich*

Im selben Zeitraum stiegen Chinas Exporte um 28,4 Prozent und die Importe um 17,6 Prozent an. Das niedrige Wachstum der Importe ist auf Maßnahmen der Regierung, die Investitionstätigkeit einzudämmen, zurückzuführen. Nach der Erweiterung der Europäischen Union ist diese der größte und bedeutendste Handelspartner Chinas geworden. Als wichtigster Abnehmer chinesischer Waren gelten die USA, wohingegen das größte Importvolumen aus Japan stammt. Oberstes Ziel der Regierung ist die Förderung des Umwelt- und Ressourcenschutzes sowie die Intensivierung von Forschung und Entwicklung. Des Weiteren soll der private Konsum angekurbelt werden.

Die Attraktivität Chinas für ausländische Investoren wird maßgeblich von der Rechtsunsicherheit und dem mangelnden Schutz an geistigem Eigentum beeinflusst. Das wachsende Einkommensgefälle zwischen Stadt und Land wird auch in Zukunft ein gravierendes Problem für China darstellen (Außenwirtschaft Österreich, 2006a).

3.3 Soziokultureller Hintergrund

Der soziokulturelle Hintergrund Chinas wurde in besonderem Maße von alten Philosophien sowie von überlieferten Prinzipien und Werten geprägt. In erster Linie gewannen Konfuzianismus, Yin-Yang-Denken, Daoismus und der aus Indien stammende Buddhismus an Bedeutung. Diese Geistesströmungen – mit Ausnahme der letztgenannten – basieren im Unterschied zum Christentum nicht auf dem Glauben an ein transzendentes, göttliches Wesen, sondern beziehen sich auf das Hier und Jetzt und geben praktische Handlungsanweisungen, das Leben zu meistern (Pohl, 2002, S. 113).

Durch die Bestrebungen Chinas, das Wirtschaftswachstum zu forcieren, gewannen westliche Werte in den letzten Jahrzehnten in Asien an Bedeutung. Die positive Entwicklung der Wirtschaftsindikatoren Chinas stärkte auf der anderen Seite jedoch auch das kulturelle Selbstbewusstsein (Pohl, 2002, S. 111). Mit dem Beginn der Reformen und der gemäßigten Linie Deng Xiaopings entstand ein so genanntes „Kulturfieber", im Zuge dessen versucht wurde, Modernisierung mit Tradition beziehungsweise chinesischer Identität zu verbinden. Dieses ausgeprägte Interesse an althergebrachten chinesischen Werten hat in der langen, teilweise heterogenen Beziehung Chinas mit dem Westen seinen Ursprung. Mitte des 19. Jahrhunderts gingen die Opiumkriege, die zu einer Reihe „ungleicher Verträge" führten, und der Kolonialismus der Westmächte mit nationaler Demütigung einher (Pohl, 2002, S. 109). Viele Chinesen sahen in dem starren Festhalten an konfuzianischen Traditionen die Ursache für die Rückständigkeit Chinas, und so kam es im Zuge der Mairevolution 1919 zu einer öffentlichen Forderung nach geistiger Öffnung für westliche Werte (Staiger, 2000, S. 266). Wie bereits erwähnt, ging mit dem wirtschaftlichen Aufstieg auch die Aufwertung eigener kultureller Werte einher, was infolge zu einer Rückbesinnung auf den Konfuzianismus führte (Pohl, 2002, S. 108).

Aus den zuvor genannten Geistesströmungen beeinflussten konfuzianische Werte die chinesische Gesellschaft am nachhaltigsten und sollen daher im Anschluss vorgestellt werden. In weiterer Folge werden ausgewählte Aspekte der chinesischen Kultur dargelegt und anschließend diskutiert.

3.3.1 Konfuzianismus

Der Konfuzianismus basiert auf den Lehren des chinesischen Philosophen Konfuzius (551–479 v. Chr.) und seiner beiden Nachfolger Menzius und Xunzi. Konfuzius, der zeitlebens Beamter und Privatlehrer war, sah sich als Überlieferer „einer in der Vorzeit existierenden sozialen Ordnung“ (Hanisch, 2005, S. 34). In dieser universalen Weltordnung hatten alle irdischen und überirdischen Phänomene ihren festen Platz; Himmel, Erde und Menschen wurden als ein zueinander in Wechselwirkung stehendes Ganzes betrachtet. Wie nachfolgend noch dargestellt werden wird, bezieht sich die ganzheitliche Betrachtungsweise der konfuzianischen Lehre auf den Aufbau einer idealen Ordnung, die von harmonischem Zusammenleben gekennzeichnet ist (Lin-Huber, 2001).

Konfuzius wurde in eine Zeit gewaltiger politischer und sozialer Veränderungen hineingeboren, die tradierte Ordnung war erschüttert. Dies prägte seine Lehren in beträchtlichem Ausmaß. Er ging der Frage nach, wie die politische Ordnung wieder hergestellt werden könne (Emmerich, 2000, S. 254).

Seine Schriften dienten über 2.000 Jahre als Fundament chinesischer Erziehung und wurden bereits in frühester Kindheit auswendig gelernt (Botschaft der VR China[21], 2004b). Durch die enge Verbindung zum Kaisertum erhielt der Konfuzianismus den Rang einer Staatsdoktrin; während der Kulturrevolution 1966 wurden seine Lehren jedoch verboten (Alon, 2003). Im Zuge der Rückbesinnung auf eigene kulturelle Werte gewinnt die Philosophie als Post-Konfuzianismus wieder an Bedeutung.

Der Philosoph war der Ansicht, dass der Mensch ein unfertiges Wesen sei. Die Tugenden, die einen vollkommenen Menschen – einen „Edlen“ – auszeichnen, können aber gefördert beziehungsweise erlernt werden. Diese sind: Menschlichkeit, Weisheit und Sittlichkeit, Gerechtigkeit, Loyalität und die Tugend, das rechte Maß und die Mitte anzustreben (Hanisch, 2005; Lin-Huber, 2001, S. 40). Dem-

[21] Im Literaturverzeichnis angeführt unter *Botschaft der Volksrepublik China in der Republik Österreich*

nach wies bereits Konfuzius auf die Bedeutung von Bildung und moralischer Erziehung hin.[22]

Die Verwirklichung der Tugenden erfolgt in fünf Kardinalbeziehungen, die von Gehorsam auf der einen Seite und Loyalität auf der anderen Seite gekennzeichnet sind. Diese sind die Unterordnung des Beherrschten unter den Herrscher, der Frau unter den Mann, der Kinder unter ihre Eltern, des jüngeren unter den älteren Bruder und zwischen Freunden. Die strenge Einhaltung der hierarchischen Beziehungen ist unbedingt erforderlich, um Harmonie sowohl in der Familie als auch in der Gesellschaft zu gewährleisten und zu erhalten (Graham & Lam, 2005).

Im Zuge der Globalisierung und der anhaltenden Reformpolitik Chinas ist eine Konfrontation mit westlichen Werten nicht zu vermeiden. Doch gerade diese Tendenz der Verwestlichung hat in Hongkong und Taiwan zu einer verstärkten Rückbesinnung auf traditionelle Werte geführt. Kurz nach der Öffnung Chinas wurde im Jahre 1981 eine Erziehungskampagne gegen den moralischen Zerfall der Jugend initiiert, deren Elemente auffallende Ähnlichkeiten mit dem Verhaltenskodex von Konfuzius aufwiesen (Lin-Huber, 2001, S. 40). Ein bewusster politischer Einsatz der Ideen des Konfuzius hat laut Reinhold (1992) seit jeher zuverlässig für unterordneten Gehorsam gesorgt. Den politischen Machthabern wurde so die Bildung einer harmonischen Gemeinschaft erleichtert (Weggel, 2002).

An dieser Stelle ist zu erwähnen, dass die Annahme, konfuzianische Werte lenkten uneingeschränkt die chinesische Gesellschaft in ihrem Denken und Handeln, nicht haltbar ist. Dennoch haben die Lehren des Konfuzius in Asien ihre

[22] Dies beeinflusste die asiatische Einstellung zu lebenslangem Lernen und zu Bildung maßgeblich.

Spuren hinterlassen, wie auch europäische Traditionen und Einstellungen maßgeblich von der christlichen Sozialethik geprägt wurden (Sieren, 1996, S. 122, zitiert nach Hanisch, 2003, S. 53).

3.3.2 Kulturdimensionen

(...)

3.3.2.1 Gruppenverhalten oder Kollektivismus

Weggel (2002) veranschaulicht die chinesische Gemeinschaftsbezogenheit mit Hilfe eines sehr einfachen Bildes. Eine Gesellschaft besteht aus einem Netz, wobei die Knoten einzelne Individuen repräsentieren und der Abstand zwischen den Knoten zwischenmenschliche Beziehungen symbolisiert. Während moderne Industrienationen in erster Linie den Knoten Beachtung schenken, konzentriert man sich in China auf die intersubjektive Beziehung und das ganzheitliche Netz.

Im Konfuzianismus wurde – ebenso wie im Maoismus – versucht, die Ich-Bezogenheit soweit wie möglich zu reduzieren, denn nur durch den Verzicht könne „revolutionäre Unsterblichkeit" erreicht werden (Weggel, 2002). In gleicher Weise prägte der Kommunismus, der auf kollektivistischen Ideologien beruht, die Gemeinschaftsbezogenheit der Chinesen in hohem Maße.

Eine geringe Ausprägung der Dimension *Individualismus* ist gleichbedeutend mit großem Einfluss kollektivistischer Werte und der so genannten *Clanmentalität* (Hanisch, 2003). Dennoch erscheint es überraschend, dass trotz hoher kollektivistischer Werte in China die Loyalität zum Unternehmen nicht in gleicher Weise wie in Japan zu finden ist. Im Gegenteil, viele westliche Unternehmen, die in China tätig sind, beklagen die mangelnde Loyalität chinesischer Arbeitnehmer.

Eine weit reichende Konsequenz des Gemeinschaftsdenkens in China ist auch *guanxi*, das im folgenden Abschnitt vorgestellt wird.

3.3.2.2 Guanxi – ein Beziehungsnetzwerk

Guanxi wird übersetzt mit „Beziehungspflege" (Lin-Huber, 2001, S. 51) oder „persönliche Kontakte" (Graham & Lam, 2005, S. 59) und entstand vor dem Hintergrund einer bäuerlich-feudalistischen Gesellschaft, die von bürokratischer Korruption geprägt war (Lin-Huber, 2001). Thomas und Schenk (2001, S. 114) bezeichnen *guanxi* sogar als „eine Art soziales Kapital", das durch gegenseitige Bereicherung charakterisiert ist.

Angesichts der Verwestlichung chinesischer Geschäftspraktiken wird diesem einzigartigen Netz von Beziehungen immer geringere Bedeutung beigemessen. Graham und Lam (2005) sind dennoch überzeugt, dass diese Netzwerke als wichtige soziale Kraft der chinesischen Gesellschaft fortdauern werden.

In einem Interview bekräftige die Human Resource Managerin eines weltweit tätigen Automobilzulieferers den Einfluss von *guanxi* im heutigen China und wies auf die Probleme hin, die dadurch für einen internationalen Konzern entstünden (Salah, 2006).

Guanxi stellt das Prinzip der Reziprozität in den Mittelpunkt und wird auf Lebenszeit geschlossen. Die sofortige Gegenseitigkeit wird nicht erwartet, denn an einen Gefallen erinnert man sich „beinahe für immer" (Graham & Lam, 2005, S. 61). Die Pflege der Beziehungen bedarf jedoch einiger Anstrengungen und ständiger Erneuerung. Dies geschieht in Form von regelmäßigen Ritualen und Gefälligkeiten, Geschäftsessen und Geschenken etc. Ein weiteres wesentliches Merkmal von *guanxi* ist wechselseitiges Vertrauen, welches nach Ansicht Weggels (2002, S. 34) aufgrund des Misstrauens gegenüber der Bürokratie besonders in Partikularbeziehungen gesucht wurde (Weggel, 2002, S. 34). Dennoch sind die Chinesen oft sehr zurückhaltend im Aufbau von Beziehungen, und es bedarf nicht selten eines längeren Zeitraumes, bis gegenseitiges Vertrauen entsteht.

Das kleinste Beziehungsnetz, dem man zur Loyalität verpflichtet ist, stellt die Familie dar; weitere *guanxis* können durch die gemeinsame Herkunft, Ausbildung, Arbeit etc. entstehen.

Seinen Ursprung hat dieses Element der chinesischen Sozialstruktur in den traditionellen Familienclans, denen gegenseitige Hilfe und Vertrauen sicher waren (Lin-Huber, 2001, S. 51). Durch die aufkommende Urbanisierung und Industrialisierung verliert die Familie als Institution jedoch merklich an Bedeutung. Trotz alledem bleibt das Netz gegenseitiger Verpflichtungen und Loyalität bestehen. Der chinesische Schriftsteller Lu Xun bezeichnet die traditionelle chinesische Gesellschaft mit ihren Dankesschulden und gegenseitigen Verpflichtungen als „Menschenfresser“ und will auf diese Weise das rücksichtslose Ausnutzen anderer vor Augen führen (Lin-Huber, 2001, S. 53)[23].

3.3.2.3 Gesicht wahren und Etikette

„Gib jedem sein Gesicht, lass niemanden Gesicht verlieren, und wahr’ dein eigenes Gesicht!“ – so fasst Weggel (2002, S. 38) seine Erläuterungen zur sozialen Struktur Chinas zu-

[23] Networking ist auch in westlichen Industrienationen ein Begriff, jedoch im Gegensatz zu China von anderer gesellschaftlicher Bedeutung.

sammen. Das Gesicht – im übertragenen Sinn – spielt im Sozialverhalten und infolge im Kommunikationsverhalten der Asiaten eine große Rolle. Das Konzept des Gesichts kann sich aber nicht nur auf Einzelpersonen, sondern auch auf Gruppen, wie zum Beispiel die Familie, beziehen (Thomas, 2001). In zwischenmenschlichen Interaktionen kann man das Gesicht verlieren, wahren, retten, sich oder anderen geben, nehmen, rauben oder es wiederherstellen (Thomas, 2001, S. 84). Die chinesische Sprache unterscheidet zwischen zwei Gesichtsbegriffen, jenem des „gesellschaftlichen Prestige und Status" und jenem der „moralischen Integrität" (Lin-Huber, 2001, S. 46). Diese Unterscheidung basiert auf dem Glauben, dass persönliche Schicksale und Charakterzüge im Gesicht eines Menschen abzulesen sind (Thomas, 2001, S. 83). Der Begriff „Prestige" bezieht sich auf die gesellschaftliche Position und das positionsgerechte Verhalten, das bis heute im speziellen in höheren Positionen seine Gültigkeit hat (Weggel, 2002, S. 36).

Verstöße gegen die dominierenden Moral- und Wertvorstellungen werden mit Gesichtsverlust „bestraft", begleitet von einem Gefühl der Scham. Dieses Schamgefühl ist für asiatische Gesellschaften kennzeichnend; im Gegensatz zu Schuld, einer Empfindung, die eher für westliche Nationen typisch ist.

Das Gesicht zu wahren bedeutet, Peinlichkeiten zu vermeiden, und ist sehr eng an gesellschaftliche Etikette und Moralvorstellungen gekoppelt. Das Temperament wird in allen Situationen gezügelt, Emotionen werden unterdrückt beziehungsweise kontrolliert und höfliches Lächeln überdeckt die wahren Gefühle (Weggel, 2002). Gefühle sind „Ausdruck individueller Selbstentäußerung" (Weggel, 2002, S. 55) und müssen aus diesem Grund vermieden werden. Verbale Zurückhaltung spielt eine ebenso große Rolle wie korrekte Umgangsformen, rangmäßige Sitzordnung und genaue Titelverwendung. Das besonders in China, aber auch im übrigen Asien, stark verbreitete Konzept des Gesichtwahrens ist eng verbunden mit der Sehnsucht nach Ordnung und Stabilität. Ebenso wie Naturgesetze die Vorgänge in der Natur im Gleichgewicht halten, wird die soziale Welt von Regeln der Etikette gelenkt. *Li*, die Riten oder Sitten, soll die moralische Ordnung erhalten und stellt die „äußere Form für das rechte Verhalten" dar (Lin-Huber, 2001, S. 39). Wohingegen *ren* die innere Haltung verkörpert und mit Menschlichkeit und der angeborenen Empfindung von Moral gleichgesetzt wird. Im traditionellen China wurde die Einhaltung der richtigen Etikette durch ein eigenes Ritenministerium überwacht (Thomas, 2001). Im heutigen China hat sich ein Gefühl der nachmaoistischen Ordnung eingestellt, welches versucht wird, mit Hilfe der strengen Wahrung von Etikette und dem Streben nach Harmonie, aufrechtzuerhalten (Weggel, 2002, S. 39). Aus diesem Grund wird nachfolgend das für China charakteristische Harmoniestreben vorgestellt.

3.3.2.4 Harmoniestreben

Die chinesische Gesellschaftsstruktur ist vom Streben nach sozialer Harmonie geprägt. Dies kann bereits anhand des Kommunikationsverhaltens beobachtet werden und impliziert auch das Konzept des Gesichtwahrens. Wenn der Einzelne und damit auch die Gruppe sein beziehungsweise ihr Gesicht wahren kann, dann wird die Harmonie aufrechterhalten. Im Besonderen sind damit der Respekt des Status sowie der entsprechenden Verhaltenskodices gemeint (Hanisch, 2003). Die Priorität der Harmonie und des Konsensprinzips ergibt sich nach Meinung Pohls (2002, S. 114) aus dem Modell der Familienclans. Streit in der Familie gefährdet den Zusammenhalt; auf gesellschaftlicher Ebene kann dies Chaos bedeuten, wie zuletzt die Kulturrevolution zeigte. Die traditionelle Vorstellung geht von einer engen Beziehung zwischen kosmischem und sozialem Leben aus. Die Aufrechterhaltung der natürlichen kosmischen Ordnung steht in Zusammenhang mit der Aufrechterhaltung der sozialen Harmonie, weshalb die letztere besonders bedeutsam erscheint (Thomas, 2001, S. 102). Eine Störung der sozialen Ordnung hätte eine Erschütterung der kosmischen Ebene zur Folge (Lin-Huber, 2001, S. 36). Das Streben nach Harmonie ist ein Grundprinzip der Lehren des Konfuzius und findet dadurch Ausdruck in der chinesischen Gesellschaft. Gleichwohl ist dieser konfuzianische Wert heute nicht mehr in jener Ausprägung zu finden wie noch vor einigen Jahren. Die Dualität zwischen Sein und Schein ist oft nur mehr in der Familie zugegen, denn „draußen auf der Straße ist jeder auf sich allein gestellt" (in Hanisch, 2003, S. 53).

3.3.2.5 Hierarchie oder Akzeptanz ungleicher Machtverteilung

Gemäß konfuzianischer Lehre hat jeder die Pflicht, sich zum Wohle der ganzen Gesellschaft zu betätigen (Reinhold, 1992, S. 127). Jeder Mensch hat seinen vorgesehenen Platz in der Gesellschaft einzunehmen, um so durch strikte Einhaltung der Ordnung und Etikette Harmonie zu gewährleisten (Lin-Huber, 2001, S. 38). Die soziale Hierarchie definiert die eigene soziale Stellung und ist mit angemessener Respektbezeugung, im Besonderen in der chinesischen Beamtenhierarchie, verbunden (Thomas, 2001, S. 145). Ein ausgefeiltes Rangsystem in der Beamtenschaft, auch Legalismus genannt, und in den Familien diente in erster Linie sozialer Ordnung, Anerkennung und Stabilität, erst sekundär der subjektiven Machtausübung (Thomas, 2001, S. 52).

Die bereits erwähnten fünf Kardinalbeziehungen erlaubten keine egalitären Beziehungen, sondern beruhen laut konfuzianischer Soziallehre immer auf gegenseitiger Abhängigkeit (Lin-Huber, 2001, S. 37). Im kommunistischen China unter Mao wurde die chinesische Gesellschaft nach dem egalitären Prinzip ausgerichtet, jedoch mit einer hierarchisch organisierten kommunistischen Partei an der Spitze und einer starken Führer-Zentrierung (Reinhold, 1992, S. 143). Ordnung und Stabilität als elementares Grundbedürfnis entstanden vor dem Hintergrund des 500-jährigen Krieges und in weiterer Folge durch die „permanente Revolution" beziehungsweise die „Kulturrevolution" unter Mao (Weggel, 2002, S. 35).

Als Ausprägung des chinesischen Hierarchiebewusstseins wurde das *danwei*-System entwickelt. *Danwei* ist ein vertikal organisiertes System städtischer Sozialhierarchie, das von der kommunistischen Partei als Instrument sozialer Kontrolle und Infiltrierung der Planwirtschaft geschaffen wurde. Dieses System diente jedoch auch der sozialen Fürsorge, der Wohnungsversorgung sowie der Arbeitsvermittlung (Gransow, 2000; Heilmann, 2000).

3.3.3 Wertewandel in der chinesischen Gesellschaft

(...)

Zu Beginn soll darauf hingewiesen werden, dass sich der Prozess eines Wertewandels nicht von heute auf morgen ereignet, sondern mehrere Generationen andauert. Gemäß Thomas (2001, S. 14) sind Kulturstandards das „Resultat einer langen Auseinandersetzung der Menschen mit wechselvollen sozialen, politischen und ökonomischen Umwelten." Demzufolge etablieren sich neue Kulturstandards und die dahinter liegenden veränderten Werte weitaus langsamer, als sich der Wandel sozioökonomischer Rahmenbedingungen vollzieht (Thomas, 2001, S. 15). Langfristig werden sich jedoch die im vorigen Abschnitt erläuterten chinesischen Kulturdimensionen westlichen Werten anpassen. Eine Gegenüberstellung der traditionellen und der modernen chinesischen Managementphilosophien von Dr. Jean Lee veranschaulichte die eben erwähnte Tendenz (Deresky, 2002). Eine in dieser Art noch nie da gewesene Form der „sozialistischen Marktwirtschaft" und der damit verbundene wirtschaftliche Aufstieg der Volksrepublik China werden auf längere Sicht gesehen auch die kulturellen Rahmenbedingungen verändern.

Vor diesem Hintergrund werden nun die zuvor dargestellten Kulturstandards einer kritischen Betrachtung unterzogen und bewertet, inwieweit diese angesichts der wirtschaftlichen und politischen Entwicklung noch gültig sind.

Die Autoren Ralston et al. (1999, S. 6, zitiert nach Hanisch, 2003, S. 50) untersuchten die gegenwärtige Ausprägung von kollektivistischen Neigungen und konfuzianischen Werten in der chinesischen Gesellschaft. Sie konnten erhebliche regionale Unterschiede in Bezug auf die Dimension Gemeinschaftsbezogenheit belegen. Individualistische Tendenzen wurden am deutlichsten in den Küstenregionen, im speziellen in den Großstädten beobachtet. Dies könnte ein Indiz für die positive Korrelation von Individualismus und dem Grad der Industrialisierung beziehungsweise dem Ausbildungsniveau sein.

Ebenso wie in Japan nehmen individualistische Neigungen in der Volksrepublik vor allem in jüngeren Generationen zu. Die Motivstruktur der Jugendlichen nähert sich jener der westlichen Jugendlichen an und ist geprägt von materiellen, auf Eigennutz gerichteten Interessen (Ralston et al., 1999, S. 9, zitiert nach Hanisch, 2003, S. 51). Auf der anderen Seite schreibt Staiger (2000) über eine grundsätzliche

Abneigung der Chinesen gegenüber westlichen Werten. Diese Abneigung beruht auf dem Gefühl der eigenen kulturellen Überlegenheit, das Staiger (2000, S. 314) als „Kulturchauvinismus" bezeichnet.

(...) Im Jahre 1949 wurde unter Mao Tse-tung der Kommunismus ausgerufen, eine Ideologie, die die Zurückstellung der Eigeninteressen gegenüber dem Wohl der Gemeinschaft fordert. Die kommunistischen Ideale wurden in China radikal umgesetzt und fanden in der Kulturrevolution (1966–1976) ihren Höhepunkt. Mao Tse-tung wollte einen „neuen Menschen in einer neuen Gesellschaft" schaffen (Reinhold, 1992, S. 36), der sich dem Kollektiv verpflichtet fühlt (Hanisch, 2003, S. 54). Er hatte versucht, westliche Kultureinflüsse so weit wie möglich zu verringern, gleichzeitig stand er aber der eigenen kulturellen Tradition sehr kritisch gegenüber (Staiger, 2000). Diese politische Indoktrination wurde durch Deng Xiaoping im Zuge der Öffnungspolitik weitgehend eingedämmt. Der politische und wirtschaftliche Umbruch war Ausgangspunkt der kontinuierlichen Abnahme kollektivistischer Werte in der chinesischen Gesellschaft. Reinhold (1992, S. 123) bezeichnet den Beginn der Reformen als eine „fundamentale Umwandlung der Wirtschaft" und damit der Gesellschaft, da individuelles Leistungsstreben sowie materielles Interesse erstmals politisch forciert wurden. Abschließend sei erwähnt, dass der Kommunismus einen maßgeblichen Einfluss auf die gemeinschaftsbezogene Wertehaltung der Chinesen zu haben scheint, welche nicht als ausschließliches Ergebnis der konfuzianischen Sozialethik gesehen werden darf.

In gleicher Weise, so bemerkten Ralston et al. (1999), nimmt auch die Verbindlichkeit konfuzianischer Werte in der Volksrepublik China stetig ab. Nicht selten bedienten sich politische Machthaber eines gezielten Einsatzes der Lehren des Konfuzius und verwendeten diese zu ihren Gunsten (Hanisch, 2003, S. 53).

Die Autoren kommen zu dem Schluss, dass die kommende Generation chinesischer Erwerbstätiger Verhaltensweisen zeigen wird, die deutlich stärker von Eigeninteresse geprägt sind. Auch die Bedeutung konfuzianischer Philosophie wird in der chinesischen Gesellschaft stetig abnehmen. Dennoch ist Staiger (2000) davon überzeugt, dass sich das Gewicht kultureller Werteorientierungen zu Gunsten der eigenen kulturellen Tradition verlagern wird.

4. Japan

4.1 Einführung

Mit einer Einwohnerzahl von 127,3 Millionen Menschen und einer Größe von 378.000 km^2 ist Japan einer der dichtest bewohnten Staaten der Welt. Die geographischen Gegebenheiten des Inselstaates ermöglichen lediglich eine 15-prozentige Besiedelung der Fläche Japans. Diese extreme geographische Beengtheit prägte auch die gesellschaftliche Entwicklung und die Kultur Japans maßgeblich. Das Wohl der Gemeinschaft und die Harmonie in der Gruppe werden in den Mittelpunkt gestellt. Obwohl das Bevölkerungswachstum zurzeit rückläufig ist, sieht sich Japan aufgrund der hohen Lebenserwartung[24] mit einer extremen Überalterung der Gesellschaft konfrontiert (Japanische Botschaft, 2005). An der Spitze der konstitutionellen Monarchie steht der amtierende Kaiser Akihito.

Im letzten Jahrhundert durchlief der Inselstaat einen bedeutenden Wandel; eine „rückständige Volkswirtschaft" (Sommer, 1995, S. 1) entwickelte sich zur zweitgrößten Wirtschaftsnation der Erde. Nach rund 250 Jahren in vollkommener Abschottung initiierte der Meiji-Kaiser zahlreiche Reformen, die als Fundament für eine Neuorientierung der japanischen Gesellschaft dienten. Durch die jahrhunderte lange Isolation entwickelte sich Japan zu einer der homogensten Bevölkerungen der Welt; 99,5 Prozent aller in Japan ansässigen Menschen sind japanischen Ursprungs (Haghirian & Hoeffinger, 2006).

Die „Japan AG" erlangte mit einer damals einzigartigen Politik des Personalmanagements sowie der Implementie-

[24] Durchschnittliche Lebenserwartung der Frauen: 83 Jahre, durchschnittliche Lebenserwartung der Männer: 76,6 Jahre (Japanische Botschaft, 2005).

rung von Qualitätszirkeln und Jobrotationen international an Bekanntheit. Amerikanische Unternehmen versuchten verzweifelt, die Unternehmenskultur japanischer Firmen zu übernehmen, da diese jahrelang für den entscheidenden Erfolgsfaktor gehalten wurde.

Doch spätestens seit dem Jahr 1990 werden zwei wichtige Pfeiler der japanischen Beschäftigungspolitik in Frage gestellt: die Entlohnung nach dem Senioritätsprinzip und lebenslange Beschäftigung. Japan wurde durch die Asienkrise und die Seifenblasenkonjunktur schwer erschüttert. Dennoch scheint der lang ersehnte Wirtschaftsaufschwung in greifbarer Nähe. Nach 15 Jahren stagnierenden Wirtschaftswachstums kann erstmals ein Anstieg des BIP beobachtet werden – Japan scheint die wirtschaftliche Trendwende geschafft zu haben. Japan, das neben der EU und den USA Teil der Triade und nach den USA die zweitgrößte Volkswirtschaft ist, wird laut Aussagen von Hoeffinger (2006) in den nächsten Jahrzehnten weltwirtschaftlich noch sehr dominant bleiben.

Vor dem Hintergrund der anhaltenden Konsumschwäche, der steigenden Arbeitslosigkeit und der sinkenden Industrieproduktion findet in Japan aktuell ein Strukturwandel statt, der Deregulierungsprozesse in Gang setzte und eine fortschreitende Öffnung des japanischen Binnenmarktes mit sich bringt (Dolles, 2003, S. 161). Japan versucht seine Wirtschaft weiter anzukurbeln und gleichzeitig die hohe Sparquote der Bevölkerung zu verringern. Ein weiteres Problem, das auf Japan zukommen wird, ist unzureichendes Sozialkapital. Die sinkende Geburtenrate kombiniert mit steigender Lebenserwartung wird das soziale System der Altersversorgung Japans vor eine neue Herausforderung stellen.

4.2 Makroökonomische Betrachtung

(...)

4.2.1 Entwicklung der letzten 50 Jahre

Nach dem Ende des 19. Jahrhunderts öffnete sich das Land gegenüber westlichen Industriestaaten; die technologische Überlegenheit des Westens war nicht zu übersehen. Bereits damals verschrieb sich das japanische Volk der Aneignung beziehungsweise Nachahmung westlichen Wissens (Reinhold, 1992).

Aus dem Zweiten Weltkrieg ging Japan schwer geschlagen hervor, profitierte aber dennoch von den Wirtschaftshilfen der USA, mit deren Unterstützung auch der Wiederaufbau vorangetrieben werden konnte. Eine wesentliche Rolle spielte damals das MITI (Ministry of International Trade and Industry), das in die japanische Wirtschaft lenkend und steuernd eingriff. Man sprach von einer Symbiose von Staat und Wirtschaft. Darauf folgten in den 50er- und 60er-Jahren des vorigen Jahrhunderts die goldenen Dekaden des japanischen Wirtschaftswachstums. In diesem Zeitraum beschränkte man sich bewusst auf die folgenden fünf Produktionsbereiche: Stahl, Schiffbau, Kameras, Unterhaltungselektronik und Automobile (Sommer, 1995).

Eine Verlangsamung und in weiterer Folge Stagnation des Wirtschaftswachstums trat durch die beiden Ölkrisen 1972 und 1979 ein. Aufgrund seiner Rohstoffabhängigkeit wurde Japan schwer getroffen und infolgedessen in eine tiefe Rezession gestürzt. Dennoch schien die japanische Wirtschaft über Rahmenbedingungen und Instrumente zu verfügen, die eine rasche Überwindung der Krisen erleichterten (Mayer & Pohl, 1995).

Wettbewerbsvorteile in der Automobil-, Computer- und Hightech-Industrie verhalfen der japanischen Wirtschaft zum Aufschwung. Nach einem Jahrzehnt des Wachstums verursachten Anfang der 90er Jahre überhitzte Aktien- und Immobilienmärkte die so genannte Seifenblasenkonjunktur. Zu allem Überfluss stellte sich auch noch eine weltwirtschaftliche Phase der Rezession ein. Von dieser Konjunktur-Stagnation konnte sich Japan nicht nachhaltig erholen (Scharf, 1997). Die japanische Regierung reagierte darauf mit Deregulierung, Bankensanierung und Wellen der Privatisierung, unter anderem auch der japanischen Post (Außenwirtschaft Österreich, 2006b). Auf der anderen Seite versuchte die japanische Regierung die Menschen zum Konsum aufzufordern, um so die Wirtschaft zu stimulieren (Sommer, 1995). Erschwerend kam hinzu, dass ein fundamentaler Bewusstseinswandel in der Bevölkerung die Forderung nach sozialer Sicherheit, Altersversorgung und mehr Freizeit auslöste. (...)

4.2.2 Derzeitige wirtschaftliche Lage und Perspektiven

Viele glaubten nicht an die Wiedergeburt der Wirtschaftsmacht Nummer Zwei, doch nach der Implementierung der Bankenreform im Jahre 2003 und 2004 scheint der Wirtschaftsaufschwung geschafft. Im Jahre 2005 konnte die japanische Wirtschaft erstmals wieder ein eindeutiges Wachstum von 2,7 Prozent verzeichnen. Die stärkste Säule des Wirtschaftswachstums stellt der private Inlandskonsum dar. Für 2006 und 2007 prognostizierte die Wirtschaftskammer Österreich (2006b) ein reales Wachstum des japanischen BIP von 2,6 Prozent beziehungsweise 1,5 Prozent. Das Vertrauen der Investoren wurde besonders durch den Wahlsieg des Premierministers Koizumi im September 2005 gestärkt. Die Erholung der Wirtschaft ist auch an den steigenden Immobilienpreisen spürbar.

Der Außenhandel entwickelte sich im vergangenen Jahr ebenfalls positiv. Die bedeutendsten Import- und Exportmärkte Japans stellen nach wie vor China, die USA, Südkorea und Taiwan dar. Einen Aufschwung erlebt zurzeit auch die IT-Branche, und die technologische Führungsrolle Japans wird besonders im Bereich der Digitalentwicklungen und der Unterhaltungselektronik deutlich. Damit bleiben die Automobil- und Elektronikindustrie die wichtigsten Wirtschaftssektoren des Landes.

Der natürliche Rückgang der Bevölkerungszahl und die alternde Gesellschaft stellen zukünftige Herausforderungen für das japanische Wohlfahrtssystem und die Verfügbarkeit von Arbeitskräften dar.

Trotz ihrer Sparsamkeit haben japanische Konsumenten sehr hohe Ansprüche (Außenwirtschaft Österreich, 2005). Die Größe des Marktes und der Vorteil beinahe barrierefreier Einfuhrmöglichkeiten verleihen Japan enorme wirtschaftliche Attraktivität (Haghirian & Hoeffinger, 2006).

4.3 Soziokultureller Hintergrund

Die kulturelle Besonderheit Japans brachte Huntington zum Ausdruck, als er jedes Land der Erde einer von neun Zivilisationen zuordnete. Lediglich eine Zivilisation beschränkte sich auf ein Land: Japan. Auch Hofstede fasste die untersuchten Länder in Gruppen zusammen, wobei erneut Japan eine der zwölf Ländergruppen bildete. Moss-Kanter bezeichnete Japan als ein kulturell einzigartiges Land, „a cultural island" (zitiert nach Pudelko, 2000a, S. 183).

Die Bedeutung der Religion im heutigen Japan kann aus zwei Blickwinkeln betrachtet werden. Auf der einen Seite sind Glaubensvorstellungen und Religionsgemeinschaften traditionell schwach ausgeprägt. Andererseits wurde Japan, ebenso wie die Volksrepublik China, maßgeblich von Geistesströmungen wie Neokonfuzianismus, Buddhismus und Shintoismus beeinflusst. Oftmals wurden Ideen des Konfuzianismus wie Konsens- und Harmoniedenken und die Einstellung zur Arbeit wie Fleiß zur Erklärung des japanischen Wirtschaftswunders herangezogen. Im Vergleich zum neuzeitlichen China ist gemäß Kreiner (1995) die konfuzianische Durchdringung in Japan jedoch schwach ausgeprägt. Doch in Verbindung mit der diesseits-orientierten Erfolgsethik des Shintoismus und der auf aktivem Handeln beruhenden Lebensauffassung des Buddhismus scheint der frühe wirtschaftliche Erfolg Japans erklärbar (Kreiner, 2005).

4.3.1 Kulturdimensionen

(...)

4.3.1.1 Hierarchie oder Akzeptanz ungleicher Machtverteilung

Länder mit hohen Indexwerten für die Dimension *Machtdistanz* sind gekennzeichnet durch einen höheren Grad an Zentralisation der Entscheidungsmacht sowie einer starren Hierarchiepyramide mit klaren Über- und Unterordnungsverhältnissen (Hanisch, 2003; Pudelko, 2000a).

Indizien, die für einen großen Machtabstand innerhalb der japanischen Gesellschaft sprechen würden, stellen Hierarchiestufen und Rangfolgen dar, wie diese zum Beispiel zwischen Bildungsinstitutionen zu finden sind. So entscheidet ein Ranking der Universitäten über eine Einstellung im gewünschten Unternehmen. Eine ähnliche hierarchische Struktur ist in zwischenmenschlichen Beziehungen zu finden, sodass oft von einer „vertikalen Gesellschaft" Japans gesprochen wird (Hawlik, 1995; Kuhnert, 2004). Jedes Mitglied der Gesellschaft verhält sich entsprechend seiner Position und seinem Status in der Hierarchie (Kuhnert, 2004).

Trompenaars bemerkte in diesem Zusammenhang einen besonderen Konnex von Leistung und Ansehen. Im Rahmen der Ausbildung steht die Leistung des Schülers beziehungsweise des Studenten im Mittelpunkt; diese Leistung verhilft im späteren Verlauf der Karriere zu Ansehen und Status. Ein hohes Maß an Achtung und Respekt gegenüber hierarchisch Höherstehenden ist die Folge.

Faktoren, die in einer von Ansehen geprägten Kultur den Status einer Person beeinflussen, sind zum Beispiel Alter (Senioritätsprinzip), Geschlecht und Bildung (Kuhnert, 2004; Pudelko, 2000a).

Diese Dualität eines stark ausgeprägten hierarchischen Bewusstseins auf der einen Seite und der Gruppenorientierung auf der anderen Seite lassen Ähnlichkeit mit einem Familiensystem erkennen (Deresky, 2002). Im folgenden Kapitel wird das Konzept der gegenseitigen Abhängigkeit – *amae* – präsentiert, das die hierarchische Orientierung maßgeblich beeinflusst.

4.3.1.2 Gruppenverhalten oder Kollektivismus

Das japanische Prinzip der Gruppenharmonie impliziert die gesellschaftlich erwartete Unterordnung der individuellen Interessen unter jene der kollektiven Gemeinschaft (Pudelko, 2000a). Laut Reinhold (1992) trug die Homogenität der japanischen Gesellschaft maßgeblich zur starken Ausprägung der Gruppenmentalität bei. Diese Clan- beziehungsweise Familienmentalität wurde auf Organisationen übertragen; der „Betrieb als Familie“ bildet beziehungsweise bildete eine soziale Einheit (Reinhold, 1992).

Aus einem Vortrag von Haghirian und Hoeffinger geht hervor, dass sich die Mitarbeiter bei Auftreten von erhöhtem Arbeitsaufwand tendenziell im Kollektiv dem Problem widmen. Die Ausrede, keine Zeit zu haben, existiert in Japan generell nicht (Haghirian & Hoeffinger, 2006).

An dieser Stelle sei zu erwähnen, dass auch der Einkommensunterschied zwischen Managern und Arbeitern innerhalb eines Unternehmens geringer ausfällt als in den meisten anderen Ländern (Web Japan, 2002). Die Bildung einer Gruppe setzt aber auch die Abschottung von anderen Gruppen respektive anderen Mitgliedern der Gesellschaft voraus, im Japanischen *Um* – Innen – und *Soto* – Außen – genannt (Pudelko, 2000a). Vertrauen außerhalb der Gruppe wird nur sehr langsam und schwer aufgebaut.

„Ohne Beziehungen kann man in Japan nicht bestehen" (Kuhnert, 2004). Langfristig orientierte Beziehungen aufzubauen bedarf es viel persönlichen Engagements, Geduld und Ausdauer. Wenn das Vertrauen des anderen einmal gewonnen wurde, verändert man seine Position – von *Soto* zu *Uchi*. Dann allerdings ist gemäß Haghirian und Hoeffinger (2006) eine langfristige loyale Zusammenarbeit beziehungsweise Freundschaft gewiss.

Der japanische Begriff für Individualität wird übersetzt mit Selbstsucht, Isolation von anderen und Vorteilsdenken (Hawlik, 1995). Dies verdeutlicht bereits sehr klar die gesellschaftliche Akzeptanz von individualistischem Verhalten.

Ein Konzept, das die Lebensweise der Japaner sehr stark geprägt hat, ist *wa*, das für Harmonie und Konsens steht. Konsens in der Gruppe ist das höchste Gut, Meinungsverschiedenheiten und Konflikte werden nicht öffentlich ausgetragen. Beim Auftreten von Fehlern wird nicht nach den einzelnen Schuldigen gesucht, die Gruppe korrigiert das Fehlverhalten, ohne großes Aufsehen zu erregen (Reinhold, 1992, S. 202). Der Kooperation wird möglicherweise auch durch den Einfluss von Buddhismus und Neo-Konfuzianismus große Bedeutung beigemessen. Bemerkenswert ist auch, dass in der japanischen Sprache bis vor einiger Zeit noch kein Wort für „Konkurrenz“ existierte; ein Zeichen dafür, dass diese verdeckt und in erster Linie zwischen den Gruppen ausgetragen wurde (Reinhold, 1992). Ein öffentlich emotional ausgetragener Wettstreit würde die involvierten Personen als unreife Persönlichkeiten identifizieren (Kuhnert, 2004).

An dieser Stelle soll ein einzigartiges japanisches Konzept erwähnt werden, das anderen asiatischen Kulturen fremd ist. Es basiert auf dem Wunsch nach Schutz und Geborgenheit sowie einer positiv empfundenen Form der Abhängigkeit (Pudelko, 2000a). Der eben dargestellte Grundwert der *amae* bezeichnete ursprünglich die untrennbare Beziehung zwischen Mutter und Kind. *Amae* erklärt auch die starke Loyalität der Japaner zu ihrem Arbeitgeber sowie deren vertikale Gesellschaftsstruktur (Kuhnert, 2004). Die Gruppe gibt dem Individuum Schutz und Sicherheit, und im Gegenzug verhält sich das Individuum loyal gegenüber der Gemeinschaft.

Gesellschaftliche und moralische Verpflichtungen werden als *giri* bezeichnet und beruhen auf gegenseitigen Verpflichtungen, wechselseitiger Schulderfüllung und Wertschätzung im Kollektiv. So kommt zum Beispiel ein Angestellter, der sonntags ins Büro geht, um einem Kollegen zu helfen, seiner *giri* Verpflichtung nach (Pudelko, 2000a).

Als Ausfluss der Gruppenmentalität ist auch das so genannte *Ringi-System*, ein Prozess der Entscheidungsfindung in japanischen Großunternehmen, entstanden. Hierbei trifft das Top-Management auf Basis von schriftlichen Vorschlägen des unteren Managements die endgültige Entscheidung. Sobald auf einer Ebene ein Konsens erreicht worden ist, wird die nächst höhere Ebene mit der Entscheidungsfindung betraut, wodurch eine große Akzeptanz der Betroffenen erzielt wird (Kuhnert, 2004). Dieser japanische Bottom-up Managementstil steht im krassen Gegensatz zum chinesischen autokratischen Top-down-Management (Ming-Jer, 2004).

Das japanische System der konstanten Qualitätsoptimierung und Verbesserung, auch *kaizen* genannt, ist ebenfalls einzigartig japanisch.

4.3.1.3 Innere Wahrheit und äußere Form

Japaner unterscheiden zwei Begriffe für das Wort „Wollen". Das eigentliche, private Wollen wird als *Honne* bezeichnet, während *Tatemae* das öffentliche, „durch die Gruppe definierte Wollen", ausdrückt (Pudelko, 2000a, S. 175). Das echte Empfinden und Denken wird nicht in jeder Situation kommuniziert. Negative Aspekte werden oft nicht offen anbeziehungsweise ausgesprochen, wenn dies zum Gesichtsverlust einer der beiden Parteien führen könnte. Ein klares „Nein" wäre zum Beispiel, ebenso wie in China, undenkbar, da dies als grobe Unhöflichkeit gedeutet werden könnte. Der Erhalt der Beziehung und der Harmonie – *wa* – sind zentrale Grundbausteine des japanischen Wertesystems (Kuhnert, 2004). Diese „innere und äußere Wahrheit" wird auch in der Unterscheidung von *giri* – der moralischen und sozialen Verpflichtung – und *ninjo* – den Lustgefühlen, denen man sich gerne hingeben würde – deutlich (Pudelko, 2000a).

Kuhnert (2004, S. 25) veranschaulicht die differenzierten Gesellschaftsstrukturen in Japan und Deutschland mit Hilfe eines sehr einfachen Bildes. Es basiert auf einem Modell von Earl Okumura, demzufolge der japanischen Gesellschaft eine Kokosnuss-Struktur und der deutschen Gesellschaft eine Pfirsich-Struktur innewohnt. Die Kokosnuss symbolisiert das Verhalten der Japaner in Beziehungen und auch deren Verhalten in Gruppen. Es ist ein mühsamer, langwieriger Prozess durch die harte Schale ins Innere zu gelangen, ein Bereich der zwar sehr groß ist, jedoch vielen verschlossen bleibt. Viele Themen gehören bereits zum privaten Bereich, zu dem nur jene Zutritt haben, die sich das Vertrauen redlich verdient haben. Der Pfirsich repräsentiert hingegen das offene und direkte Naturell der Deutschen, das durch einen großen öffentlichen Bereich charakterisiert ist. Der harte Kern symbolisiert den privaten Bereich der westlich orientierten Gesellschaft, auf den man zeitlich gesehen jedoch erst viel später stößt. Diese Differenzierung von Innen und Außen – *Um* und *Soto* – ist auch für die Unterscheidung von innerer Wahrheit und äußerer Form bedeutsam. In der westlichen Welt sind wir es gewohnt, viele unserer Gefühle und Gedanken nach außen zu tragen, der öffentliche Bereich umfasst weite Teile unserer Persönlichkeit. Japaner teilen traditionellerweise ihre Gefühle in weitaus geringerem Maße mit der Außenwelt; der private Bereich ist vom öffentlichen durch die Bewahrung der Etikette strikt getrennt.

Honne und *Tatemae* stehen auch in engem Zusammenhang mit der Klassifikation Japans als „high context" Kultur von Edward T. Hall. Ein hohes Kontextwissen wird in einer „high-context" Kommunikation vorausgesetzt, auf explizite Ausdrucksweisen wird so weit wie möglich verzichtet. Viele Dinge bleiben ungesagt, vage oder lediglich angedeutet. Pudelko (2000a, S. 176) bezeichnet dies als „emotionale Sowohl-Als-Auch-Haltung". So sagt ein japanisches Sprichwort: „Höre eine Sache und verstehe zehn!" (Kuhnert, 2004).

4.3.1.4 Exkurs: Bildungssystem

Die deutsche „Berufsgesellschaft" steht im krassen Gegensatz zur japanischen „Bildungsranggesellschaft", in der der gesellschaftliche Status nicht vom erlernten Beruf, sondern vom Rang der besuchten Bildungsinstitutionen abhängig gemacht wird (Demes, 2003). Man legt in der Regel größten Wert auf den Besuch der richtigen Schulen, nicht selten ist auch die Wahl des richtigen Kindergartens entscheidend (Teichler, 1995). An den Elite-Universitäten Japans wird der zukünftige Weg für Spitzenpositionen in Wirtschaft, Politik und Verwaltung geebnet. Eine rigorose Bildungsauslese und das Prinzip der Selektion bestimmen den Verlauf der Karriere (Pohl M., 2002). Der Anteil an Absolventen, die Zugang zu angesehenen Universitäten erlangen, beeinflusst die gesellschaftliche Stellung und den hierarchischen Rang der Schule. Die so genannte „Prüfungshölle"[25] und die strengen Auswahlverfahren an japanischen Elite-Universitäten ziehen enorme psychische Belastungen nach sich. Zusätzlich zum regulären Unterricht besuchen viele japanische Schüler private „Paukschulen", in denen Prüfungswissen vermittelt wird, um so für die kompetitiven Eingangsprüfungen der Universitäten besser gerüstet zu sein. Die Aufnahmeprüfung an der gewünschten Institution entscheidet über den weiteren Verlauf der Karriere (Pohl M., 2002, S. 241).

Im Rahmen der Personalrekrutierung wird auf das Niveau des Abschlusses sowie auf den Rang der Bildungsinstitution besonderer Wert gelegt, da diese als Indizien für die Lernbereitschaft und das Durchhaltevermögen des Anwärters gewertet werden können (Demes, 2003, S. 251).

Diese strenge Bildungsauslese basiert auf dem Prinzip des Memorierens und der Heranbildung von theoretischen Generalisten; ein System, das zunehmend in Frage gestellt

[25] „Prüfungshölle" ist in Japan ein weit verbreiteter Ausdruck und soll die großen Anstrengungen und die strengen Auswahlverfahren, denen japanische Schüler ausgesetzt sind, verdeutlichen.

wird. Die Rigidität und Einförmigkeit des Systems, gepaart mit einer hohen gesellschaftlichen Bewertung der Bildung, ziehen hohen Druck und Frustrationen bei den Absolventen nach sich. Der starke Wettbewerb an den japanischen Bildungsinstitutionen wird durch die Vorstellung intensiviert, jeder habe die Chance, sich durch Fleiß Bildungserfolg und damit gesellschaftliches Ansehen zu erarbeiten (Teichler, 1995).

Dem Übergang vom Bildungssystem in das Beschäftigungssystem fällt im speziellen in Japan, das von langfristigen Beschäftigungsstrukturen und internen Arbeitsmärkten gekennzeichnet ist, besondere Bedeutung zu (Teichler, 1995). In der Regel erfolgt die Einstellung neuer Arbeitnehmer jeweils am 1. April und wird weiterhin maßgeblich von den Netzwerken der Schulen und Universitäten beeinflusst. Dies trifft jedoch nur für japanische Großunternehmen zu, deren Ziel die Rekrutierung von Berufsanfängern ist. Ausländische Unternehmen und japanische KMUs stellen in der Regel ganzjährig neue Mitarbeiter ein, in diesem Fall jene, die bereits über Erfahrung und Fachkompetenz verfügen (Teicher, 2005).

Die Kooperation zwischen Bildungsinstitutionen und Unternehmen ist langfristiger Natur, daher werden die von den Institutionen vorgeschlagenen Absolventen auch üblicherweise eingestellt (Teichler, 1995).

4.3.1.5 Unsicherheitsvermeidung: lebenslange Beschäftigung und Senioritätsprinzip

In Japan ist ein erstaunlich hohes Bedürfnis nach Sicherheit beziehungsweise nach Vermeidung von Unsicherheit vorzufinden. Partizipative Führung und eine starke Forderung nach Konsens sind für Japan charakteristisch. In gleicher Weise sind die Vermeidung offener Konflikte sowie die

Bevorzugung präziser Anweisungen und detaillierter Pläne überdurchschnittlich oft anzutreffen. So werden zum Beispiel die Fahrpläne der Pendlerzüge trotz Stoßzeiten und überfüllter Züge präzise eingehalten.

Lebenslange Beschäftigung und Bezahlung gemäß dem Prinzip der Seniorität stellen zwei grundlegende Pfeiler der traditionellen japanischen Beschäftigungspolitik dar und verdeutlichen das stark ausgeprägte Bedürfnis der Japaner nach Unsicherheitsvermeidung. Personenbezogener Lohn im Gegensatz zu positionsspezifischem Gehalt, wie dies in Japan noch bis vor einigen Jahren vorzufinden war, basiert in erster Linie auf Alter und der Dauer der Unternehmenszugehörigkeit. Sekundär werden auch Bildungsniveau, Geschlecht und Familienstand zur Bestimmung des Gehalts herangezogen (Yeow, 2003). Dieses Modell wird als Senioritätsprinzip bezeichnet.

Die Rekrutierung flexibler Schul- und Hochschulabgänger ermöglicht es dem Unternehmen, die Berufsanwärter intern auszubilden und entsprechend den gegenwärtigen Unternehmensbedürfnissen zu formen. Zum Zeitpunkt der Einstellung ist in vielen Fällen das tatsächliche Einsatzgebiet noch nicht festgelegt; der Arbeitnehmer soll einen ganzheitlichen Gewinn für das Unternehmen darstellen (Pudelko, 2000b).

Im Gegenzug ist es für beide Parteien nur sinnvoll und kostengünstig, die Arbeitskraft möglichst lange an das Unternehmen zu binden, wenn möglich sogar für die gesamte Dauer der Erwerbstätigkeit (Teicher, 2005). Im Rahmen der Personalauswahl werden die Arbeitskräfte auch hinsichtlich sozialer Kriterien wie Konformität und Gruppenverhalten beurteilt (Pudelko, 2000b). Die Arbeitnehmer entwickelten daraufhin eine starke bis uneingeschränkte Loyalität zum

Unternehmen. Eine familienähnliche, paternalistische Beziehung zum Arbeitgeber entwickelt sich (Web Japan, 2002).

Bezeichnend ist auch, dass viele Japaner auf die Frage nach ihrer Beschäftigung den Namen des Unternehmens, dem sie angehören, angeben, anstatt ihren erlernten Beruf zu nennen (Pudelko, 2000b; Reinhold, 1992).

Das Privileg lebenslanger Beschäftigung ist respektive war jedoch nur einem Drittel der arbeitenden Bevölkerung vorbehalten, allen voran männlichen Angestellten in Großunternehmen. Die so genannten Stammbelegschaften akkumulierten langfristig firmenspezifisches Know-how und fühlten sich im Gegenzug dem Unternehmen derartig verpflichtet, dass die geschuldete Leistung mit möglichst hartem Einsatz, hoher Arbeitsmoral und Loyalität erbracht wurde. Interne Promotionen sind die Regel.

Ein Wechsel des Arbeitgebers war vor einigen Jahren noch in höchstem Maße verpönt, ebenso galten Kündigungen ohne schwerwiegende Gründe als sozial unerwünscht. Das Prinzip der Anstellung auf Lebenszeit zur Förderung der Firmenloyalität beruht jedoch nicht auf den ohnehin vage formulierten japanischen Arbeitsverträgen, sondern auf sozialen Konventionen. Laut Reinhold (1992) entstammt dies ursprünglich dem Familien- oder auch Gemeinschaftsprinzip, zumal der Arbeitgeber in materieller und immaterieller Hinsicht für den Mitarbeiter sorgt.

Eine langfristig orientierte interne Aus- und Weiterbildung, unterstützt durch einen Mentor – auch *sempai-kohai*-Verhältnis genannt – macht(e) die Arbeitskraft zu einem vielseitigen Generalisten. Eine Kündigung würde dem Unternehmen, in der Relation zum Aufwand der Ausbildung, enorme Opportunitätskosten verursachen. Folglich vermieden es japanische Großunternehmen, auch nach Eintreten der Rezession, ihre Mitarbeiter zu kündigen (Yeow, 2003).

Dieses Modell der Beschäftigungspolitik wurde in Japan Anfang des 20. Jahrhunderts erstmals eingeführt und im Zuge des wirtschaftlichen Aufschwungs in den 60er Jahren, als ein breites Wissensspektrum und unternehmensspezifische Fähigkeiten gefordert waren, weiter entwickelt (Reinhold, 1992; Yeow, 2003).

Angesichts der lang anhaltenden Phase der Rezession waren viele japanische Unternehmen jedoch gezwungen, Teilzeit-Kräfte zu kündigen, „freiwillige" Pensionierungen[26] zu forcieren und eine Einschränkung bei der Rekrutierung von Universitätsabsolventen vorzunehmen (Web Japan, 2002; Yeow, 2003).

Neben den eben erwähnten Stammbelegschaften, deren Anteil in der japanischen Gesellschaft im Sinken begriffen ist, gibt es Randbelegschaften. Die Letztgenannten werden nur auf begrenzte Zeit eingestellt, um auf konjunkturelle Veränderungen oder Kapazitätsschwankungen flexibel reagieren zu können. Temporäre Arbeitskräfte finden aber im verstärkten Ausmaß Verbreitung, und deren Anteil wird weiter steigen (Groenewald, 2003; Pudelko, 2000b).

4.3.2 Wertewandel in der japanischen Gesellschaft

„Der soziale Wandel im Japan der Nachkriegszeit wurde von einem Wandel der Werte und der sozialen Mentalität begleitet" (Möhwald, 2003, S. 8). Ein derartiger Wertewandel kann erhebliche Auswirkungen auf das wirtschaftsrelevante Verhalten der Mitglieder einer Gesellschaft haben. Bis

[26] Die so genannten „freiwilligen" Pensionierungen liefen teilweise so ab, dass Mitarbeiter zwar offiziell noch beschäftigt waren, jedoch keine Arbeit mehr zugewiesen bekamen und infolge freiwillig das Unternehmen verließen.

vor kurzem war in Japan eine Kombination von traditionellen japanischen Werten und westlichem Kapitalismus anzutreffen. Der derzeitige Umbruch und die Differenzierung oder auch Pluralisierung von Werten in der japanischen Gesellschaft sind vor allem auf liberalere Ansichten der jüngeren Generation zurückzuführen. In diesem fundamentalen Bewusstseinswandel werden Bereitschaft zur Unterordnung und uneingeschränkte Arbeitsamkeit zunehmend in Frage gestellt (Sommer, 1995).

Seit dem Beginn der 70er Jahre konnte ein kontinuierlicher Anstieg moderner westlicher Werte, bei gleichzeitigem Fortbestehen des Gegensatzes zwischen traditionellen und modernen Werten, beobachtet werden. Eine Studie über die Entwicklung des japanischen Nationalcharakters veranschaulichte die stetige Zunahme libertärer Werte[27] und die drastische Abnahme autoritärer Einstellungen im Laufe der letzten 60 Jahre. In gleicher Weise wie autoritäre Werte sank auch die Bedeutung von harter Arbeit.

Im Zuge einer Erhebung des Deutschen Instituts für Japanforschung in den Jahren 1991, 1996 und 1997 wurde deutlich, dass modern-individualistische und traditionell-konformistische Werte voneinander unabhängige Dimensionen darstellen. Entgegen der ursprünglichen Annahme, die beiden Werte stellten die konträren Pole einer eindimensionalen Skala dar, sind diese Werte durchaus miteinander vereinbar (Möhwald, 2003).

Die Auswirkungen dieses Wandels sind vielfältig und reichen von Veränderung der Einstellungen zu Familie und Geschlechterverhältnis bis hin zu Arbeit und Freizeit. Immer mehr japanische Frauen sind mit der traditionellen Rollenzuweisung von Hausarbeit und Kindererziehung unzufrie-

[27] Libertäre Werte implizieren laut Möhwald (2003) so zu leben, wie es einem gefällt.

den. Die Forderung nach hinreichender Freizeit wird lauter. „In Japan the job is the society, and the society is the job", so schrieb Frank Gibney Anfang der 80er Jahre (zitiert nach Schmidt, 1996, S. 70). Werte wie Fleiß, Disziplin und hohe Arbeitsmoral verdeutlichen die Einstellung der Japaner zur Arbeit (Adler, 2002). Nach einem langen Arbeitstag ist der Besuch einer Bar gemeinsam mit Kollegen durchaus üblich, und oft wird erst zu später Stunde die lange Heimreise angetreten (Haghirian & Hoeffinger, 2006). Das Phänomen des stressbedingten Alkoholismus war in den 90er Jahren in Japan sehr verbreitet. In vielen Fällen endete dies mit Selbstmord (Brown et al., 1994; Mehri, 2000). Bezeichnend ist auch, dass in der japanischen Sprache ein eigenes Wort für „Tod durch Überarbeiten" existiert (Mayer & Pohl, 1995). Angesichts des Wertewandels scheinen die Fälle von Suizid und Alkoholismus jedoch abzunehmen.

Laut Möhwald (2003) sind in der jüngeren Generation Materialismus und Egozentrik weit verbreitete Ideale. Die Loyalität gegenüber dem Arbeitgeber nimmt stetig ab, die Hemmschwelle eines Jobwechsels wird fortwährend geringer. Die Gründe einer derartigen Pluralisierung und Individualisierung von Lebensstilen sind augenscheinlich. Ein explosionsartiges Wirtschaftswachstum und eine rasche Internationalisierung zogen eine verstärkte soziale Mobilität nach sich und den Zwang, sich den neuen Gegebenheiten anzupassen.

Im Zuge der Internationalisierung japanischer Unternehmen wird sich die Kompensation der Arbeitskräfte zunehmend dem Trend der leistungsbezogenen Bezahlung anpassen (Ono & Rebick, 2003; Yeow, 2003). Der Anteil befristeter Arbeitnehmer ist im Steigen begriffen, infolgedessen wird auch das Konzept der Unternehmensloyalität in Frage gestellt (Schmidt, 1996). Angesichts des Wandels von lebenslanger Beschäftigung tendieren junge Menschen verstärkt dazu, sich von dem Wunsch nach Zufriedenheit und besserer Bezahlung leiten zu lassen und ihren Arbeitsplatz bereits nach kurzer Zeit zu wechseln (Ono & Rebick, 2003). Eine „Individualisierung der Ansprüche“ wird in Zukunft stärker ausgeprägt sein, in gleicher Weise, wie sich das Bedürfnis nach Unsicherheitsvermeidung verringern wird (Pudelko, 2000b).

5. Zusammenfassende Betrachtung der Kulturdimensionen

(...)

Nun sollen die Untersuchungsergebnisse von Hofstede und Bond für den chinesischen und japanischen Kulturkreis näher erläutert werden.

(...) Bei der Erfassung kultureller Merkmale der Volksrepublik China kann nicht auf originäre Daten verwiesen werden. Die hypothetische Annahme, chinesische Werte und Besonderheiten korrelieren positiv mit jenen von Hongkong, Taiwan oder Singapur, ist angesichts der verschiedenartigen politischen Systeme dieser Länder nicht unproblematisch (Hanisch, 2003, S. 49). In Anbetracht der fehlenden Daten für die Volksrepublik China ist die hypothetische Gleichsetzung der eben genannten Länder mit der Volksrepublik China jedoch die einzige Möglichkeit, die Untersuchungen von Geert Hofstede und Michael Bond in diese Arbeit mit einzubeziehen. Gemäß Hanisch (2003. S. 38) ist die Tatsache, dass China im Gegensatz zu Hongkong (seit 1. 7. 1997 eine Sonderverwaltungszone der Volksrepublik China, gemäß der von Deng Xiaoping entwickelten Doktrin „Ein Land, zwei Systeme" – Anm. d. Herausgebers), Taiwan und Singapur kommunistisch ist, keine Einschränkung, die eine Vergleichbarkeit jener vier Länder ausschließen würde. Der umseitigen Tabelle 3 ist eine Übersicht der Ergebnisse Hofstedes für China, Deutschland und Japan zu entnehmen.

Im Rahmen der Untersuchung Geert Hofstedes wurde für Japan in der Dimension *Machtdistanz* ein durchschnittlicher Wert ausgewiesen. Mit anderen Worten bedeutet dies, dass das Ausmaß, in dem die Gesellschaft ungleiche Machtverteilung akzeptiert, relativ hoch ist. Der Wert für Japan (54) liegt deutlich über jenem Deutschlands (35), fällt je-

Hofstede Kulturdimensionen	Japan	Taiwan	Hongkong	Südkorea	Singapur	Deutschland
Machtabstand	54	58	68	60	74	35
Unsicherheitsvermeidung	92	69	29	85	8	65
Individualismus	46	17	25	18	20	67
Maskulinität	95	45	57	39	48	66
Langzeitorientierung	80	87	96	75	48	31

Tabelle 3:
Überblick der Ergebnisse nach Hofstede für China, Deutschland und Japan
Tabelle aus: Hanisch (2003), Hofstede (2001)

doch geringer aus als im chinesischen Kulturraum. Taiwan und Südkorea unterscheiden sich mit Indexwerten von 58 und 60 nur geringfügig von Japan, Hongkong (68) und Singapur (74) hingegen deutlich stärker.

Angesichts der Ergebnisse Hofstedes stellt sich die Frage, warum die Dimension *Machtabstand* im chinesischen Raum stärker ausgeprägt ist als in Japan, obwohl doch Japan von einer vertikalen Gesellschaftsstruktur gekennzeichnet ist. Zur Klärung dieser Frage können mehrere Gründe herangezogen werden.

Die Homogenität der japanischen Gesellschaft vereinfachte den Aufbau vertrauensvoller, informeller Beziehungen. Eine weitere Besonderheit der japanischen Gesellschaft stellt die Loyalität der Arbeitskräfte zum Unternehmen dar. Diese uneingeschränkte Loyalität wird im Gegenzug mit einer familienähnlichen Beziehung zum Vorgesetzten belohnt. Der Teamgeist und die Gruppenmentalität der Japaner sowie der Prozess der Entscheidungsfindung, das so genannte „*Ringi*"-System, veranschaulichen weitere Faktoren, die für eine gemäßigte Ausprägung von Machtdistanz sprechen würden.

Das hierarchische Bewusstsein steht aber auch in Zusammenhang mit der Quelle des gesellschaftlichen Status. Trompenaars unterscheidet hierbei zwischen Status aufgrund von persönlichen Leistungen und Status aufgrund von Ansehen, wobei hier Faktoren wie Alter, Herkunft und Bildung von Belang sind. Seiner Befragung zufolge ist in Japan ein höherer Stellenwert von Ansehen im Vergleich zu Leistung zu beobachten. Lediglich 28 Prozent der befragten Japaner meinten, im Gegensatz zu 39 Prozent der befragten Deutschen, dass der gesellschaftliche Status durch individuell erbrachte Leistungen bestimmt werde (Pudelko, 2000a). Weggel (2002, S. 39) schreibt dazu: „Die Gattung des homo hierarchicus ist nirgendwo in der Welt stärker vertreten als in den rangbewussten Gesellschaften Chinas, Japans, Vietnams oder Koreas".

Hofstede diagnostizierte in Japan ein überdurchschnittlich hohes Sicherheitsbedürfnis. Der Indexwert für Japan beträgt 95, im Vergleich zu 65 für Deutschland. Dieser hohe Wert der *Dimension Uncertainty Avoidance* impliziert einen hohen emotionalen Widerstand gegenüber Wandel und eine starke Loyalität zum Unternehmen.

Die Indexwerte der vier Referenzländer des chinesischen Kulturraums[28] fallen sehr unterschiedlich aus, jedoch deutlich geringer als der Wert für Japan. Singapur und Hongkong erreichen vergleichsweise niedrige Werte von 8 beziehungsweise 29. Hofstede und Bond ließen angesichts dieser geringen Werte chinesische Sozialwissenschaftler einen für ihren Kulturkreis relevanten Wertekatalog zusammenstellen. Das Bedürfnis nach Unsicherheitsvermeidung wird demgemäß als nicht besonders relevant angesehen. Eine mögliche Begründung sehen Hofstede und Bond im geringen

[28] Taiwan, Hongkong, Südkorea und Singapur

Interesse an der Suche nach absoluter Wahrheit (Hanisch, 2003). Es wird soweit wie möglich vermieden, zwischen *wahr* und *unwahr* sowie zwischen *gut* und *böse* zu trennen, denn dies würde der komplizierten Natur des Menschen nicht gerecht werden (Pudelko, 2000a). Und tatsächlich wird formalen Regeln, Gesetzen und Verträgen im chinesischen Kulturraum keine besondere Bedeutung beigemessen (Hanisch, 2003).

Man kann eine relativ ausgewogene Verteilung der Individualismus-Indexwerte für den chinesischen Kulturraum beobachten. Sowohl Taiwan und Südkorea als auch Singapur und Hongkong erreichten einen Indexwert von rund 20, ganz im Gegensatz zu Japan, für welches ein Wert von 46 ausgewiesen wurde. Trotz alledem liegt Japan mit diesem Wert noch unter dem Durchschnitt und kann infolge zu den kollektivistischen Ländern gereiht werden. Hofstede assoziiert mit einer mäßigen Ausprägung dieser Dimension, zusätzlich zu den bereits erwähnten Merkmalen, einen hohen Stellenwert von Bildung und traditionellen Ansichten.

Angesichts der doch verhältnismäßig großen Differenz zwischen den Werten für China und Japan läge der Schluss nahe, dass Kollektivismus in China tatsächlich deutlich stärker ausgeprägt ist. Diese Annahme wird in Anbetracht des politischen Systems Chinas, des Kommunismus, der auf kollektivistischen Prinzipien beruht, durchaus verstärkt. In diesem Kontext sind jedoch, abgesehen von den politischen, auch die unterschiedlichen ökonomischen Rahmenbedingungen zu berücksichtigen. Zum Zeitpunkt der Untersuchung von Hofstede und Bond waren die marktwirtschaftlichen Reformen Chinas erst im Anfangsstadium und das BIP Chinas lag noch deutlich unter jenem der letzten Jahre. Wie bereits angedeutet, korreliert die wirtschaftliche

Entwicklung und Öffnung eines Landes positiv mit der Ausprägung der Dimension Individualismus.

Während Hofstede einen deutlichen Unterschied zwischen Deutschland, für das ein Indexwert von 67 ausgewiesen wurde, und Japan feststellen konnte, ergab Trompenaars' Untersuchung keine eindeutige Aussage zugunsten einer kollektivistischen Einstellung in Japan. Dies entkräftete Trompenaars mit der Vermutung, dass die Fragestellung nicht valide genug beziehungsweise das Datenmaterial nicht ausreichend gewesen sei. Gleichzeitig führte er einige Beispiele für eine kollektivistische Orientierung der japanischen Gesellschaft an (Pudelko, 2000a).

Die Differenzierung von Maskulinität versus Femininität, beziehungsweise Langfrist- versus Kurzfristorientierung wurde im Zuge der dargestellten Kulturdimensionen lediglich am Rande betrachtet. Dennoch sei erwähnt, dass für Japan der höchste Maskulinität-Indexwert ausgewiesen wurde, wohingegen im übrigen asiatischen Kulturraum eine Verbreitung von femininen Werten beobachtet werden konnte. Deutschland liegt mit einem Wert von 66 leicht über dem Durchschnitt. Erstaunlich ist, dass obwohl in Japan kollektivistischen Werten hohe Bedeutung beigemessen wird, feminine, kooperative Werte lediglich in geringem Ausmaß identifiziert wurden. Andererseits korrelieren männliche Werte mit einer klaren Trennung der Geschlechterrollen, die wiederum mit traditionellen Werten in Verbindung gebracht werden könnte.

In Bezug auf die Dimension „konfuzianische Dynamik" wurde in Deutschland eine Kurzfristorientierung festgestellt, wohingegen in Asien durchwegs langfristige Betrachtungsweisen dominieren. Dies ist besonders im Aufbau von vertrauensvollen Beziehungen zu bemerken, der mitunter sowohl in China als auch in Japan sehr langwierig und mühevoll sein kann (...). Dieses Netz gegenseitiger Verpflichtungen, das auf Lebenszeit geschlossen wird, ist bereits im Kreise der Familie zu finden und stellt eine Art soziales Kapital dar.

Die Bedeutung von Netzwerken und Beziehungen wird auch im Rahmen der Unterscheidung von partikularistischen und universalistischen Kulturen offensichtlich. Trompenaars rechnete die Länder Asiens den Ersteren zu, wohingegen der deutschsprachige Raum zu den Letzteren zählt, wo Regeln und Gesetze grundsätzlich für alle gelten.

Überdies gelten China und im Besonderen auch Japan, als diffuse Gesellschaften, in denen Beruf und Freizeit nicht voneinander zu trennen sind. Im Gegensatz dazu wird im deutschsprachigen Raum eine strikte Trennung von Arbeit und Familie beziehungsweise Freunden vorgenommen. Eine direkte, konfrontationsorientierte Sichtweise der Dinge überwiegt.

Hinsichtlich der Unterscheidung von neutralen versus emotionalen Beziehungen führte Trompenaars in elf Ländern eine Befragung durch und kam zu dem Schluss, dass in Japan mit Abstand die neutralsten Verhaltensweisen beobachtet werden können, wohingegen Deutschland im Mittelfeld liegt (Pudelko, 2000a).

(...)

8. Zusammenfassung und Ausblick

(...)

Die Volksrepublik China und Japan befinden sich gegenwärtig in verschiedenen Phasen der wirtschaftspolitischen und damit auch der sozialen Entwicklung. Während Japan in der zweiten Hälfte des 20. Jahrhunderts zu einem modernen, innovativen Staat heranwuchs, erlebt die Volksrepublik China gerade jetzt diese Wachstumsphase.

Die Diskussion der Kulturdimensionen ergab einige Ähnlichkeiten, jedoch auch gravierende Unterschiede. Prinzipien wie Gesicht wahren, das Streben nach innerer und äußerer Harmonie sowie kollektivistische Verhaltensweisen sind in beiden Kulturen anzutreffen. Bei genauerer Betrachtung sind jedoch Unterschiede im Grad der Ausprägung dieser Dimensionen zu finden. Das hohe Sicherheitsbedürfnis der japanischen Gesellschaft, aufgrund dessen eine starke Loyalität zum Arbeitgeber entstand, impliziert auch Widerstand gegenüber Veränderungen, wie auch die Überprüfung der Hypothesen ergeben hat. Die Chinesen sind auf der anderen Seite wiederum bestrebt, sich neues Wissen anzueignen, um auf dem Arbeitsmarkt unersetzlich zu werden. Dies könnte unter Umständen ein erster Schritt Chinas hin zu einer Spezialisierung auf wissensintensive Tätigkeiten sein.

Darüber hinaus begünstigen diese Bestrebungen der Chinesen vielleicht tatsächlich den wirtschaftlichen Anschluss an den Westen beziehungsweise den Aufstieg der Volksrepublik China zur Wirtschaftsmacht Nummer Eins. Ob China dies tatsächlich schafft, wird sich in naher Zukunft erweisen.

Die eingangs gestellte Frage, welche Dimensionen des Arbeitslebens japanische und chinesische Mitarbeiter als essentiell betrachten, kann nun beantwortet werden: Während für Japaner die Selbstverwirklichung im Mittelpunkt steht, sind in China der Erwerb neuen Wissens und Weiterbildung von größerer Bedeutung. Bemerkenswert ist, dass in Japan ähnliche Aspekte wie in Deutschland als besonders wichtig eingestuft wurden. Kann das unter Umständen auf die starke wirtschaftliche Stellung Japans zurückgeführt werden? Mit steigendem Wohlstand ändern sich die individuellen Bedürfnisse, wie bereits Maslow veranschaulichte.

Wichtige Erkenntnisse können auch in Hinblick auf Motivationsstrategien formuliert werden. Diese sind von Bedeutung, da die menschliche Ressource in Unternehmen als strategischer Schlüssel zum Erfolg bezeichnet, jedoch oft vernachlässigt wird. Die Kenntnis kultureller Werte erlaubt es, individuell auf die Bedürfnisse der Mitarbeiter des jeweiligen Landes einzugehen. So erscheint es sinnvoll, chinesischen Mitarbeitern viele Möglichkeiten der Weiterbildung anzubieten, wohingegen in Japan eher eigenständiges Arbeiten, sinnvolle Tätigkeiten und ein sicherer Arbeitsplatz von Bedeutung sind. Ferner trägt Stolz auf das Unternehmen in Japan in hohem Maße zur Gesamtzufriedenheit bei. Dieses Wissen ermöglicht es, die Zufriedenheit der Mitarbeiter zu steigern. Zugrunde gelegt wird, dass in weiterer Folge positiv auf die Leistung eingewirkt werden kann.

Interessant war die Beobachtung großer Unterschiede in der Ausprägung der „High-context"-Dimension, da grundsätzlich in beiden Ländern neutrale, indirekte Verhaltensweisen eine große Rolle spielen. Japan als zweitgrößte Wirtschaftsmacht der Welt schaffte es, Tradition und Moderne ganzheitlich zu betrachten und miteinander zu verbinden. Kulturelle Prinzipien wie Respekt, Gesicht wahren, *Honne* (das private Wollen) und *Tatemae* (das öffentliche Wollen) bestimmen noch immer in weitem Maße das gesellschaftliche Leben und damit, so wird unterstellt, auch das Antwortverhalten. Im Zuge dieser „emotionalen Sowohl-als-auch-Haltung“ sind jedoch in der Kooperation mit japanischen Mitarbeitern viel Feingefühl und Geduld, aber auch emotionale Vorsicht angebracht. In der chinesischen Gesellschaft ist hingegen aktuell ein Wertewandel zu beobachten. Ob dies eine verstärkte Rückbesinnung auf eigene kulturelle Werte bewirkt wie in Japan, werden die kommenden Jahre zeigen.

Das Themenfeld des interkulturellen Managements wird viel diskutiert. Im Zuge zunehmender internationaler Vernetzungen werden Flexibilität und Interkulturalität zu Zauberwörtern; Auslandserfahrungen werden unumgänglich und Auslandsentsendungen sind keine Seltenheit mehr; die interkulturellen Vorbereitungen dazu sind allerdings oft spärlich.

Angesichts des gesellschaftlichen Wertewandels in China und Japan kann Kultur nicht als statisch gesehen, sondern muss als konstanter Entwicklungsprozess betrachtet werden. Umso schwieriger wird es in Zukunft sein, diesen wechselnden Bedingungen gerecht zu werden.

Literaturverzeichnis

Adler, Nancy J. (2002) International Dimensions of Organizational Behavior (4. Aufl.). Cincinnati, Ohio: South-Western.

Alon, Ilan (2003) Chinese culture, organizational behavior, and international business management. Westport, Conn. [u.a.]: Praeger.

Außenwirtschaft Österreich (2006.18.03) AWO-Länderprofil China: 2. Halbjahr 2005.
http://portal.wko.at/wk/pub_detail_file.wk?AngID=1&DocID=100593 – abgefragt am: 10.5.2006

Außenwirtschaft Österreich (2005.10.10) AWO-Länderprofil Japan: 1. Halbjahr 2005.
http://portal.wko.at/wk/pub_detail_file.wk?AngID=1&DocID=100586 – abgefragt am: 31.1.2006

Außenwirtschaft Österreich (2006.25.03) AWO-Länderprofil Japan: 2. Halbjahr 2005.
http://portal.wko.at/wk/pub_detail_file.wk?AngID=1&DocID=100586 – abgefragt am: 10.5.2006

Botschaft der Volksrepublik China in der Republik Österreich (2004a) China in Kürze.
http://german.china.org.cn/german/de-2004cs/index.htm – abgefragt am: 15.3.2006.

Botschaft der Volksrepublik China in der Republik Österreich (2004b) Chinesische Geschichte.
http://de.chinabroadcast.cn/other/chinageschichte/homepage.htm – abgefragt am: 15.3.2006.

Brown, William S., Lubove, Rebecca E. & Kwalwasser, James (1994) Karoshi: Alternative perspectives of Japanese Management Styles. Business Horizons, March–April, S. 58–60.

Dahl, Stephan (2000) Intercultural Skills for Business. London: ECE. Daraus: Introduction to Intercultural Communication.
http://www.intercultural-network.de/einfuehrung – abgefragt am: 9.5.2006.

Demes, Helmut (2003) Bildung und Berufsbildung in Japan. In: Dorow, Wolfgang & Groenewald, Horst (Hrsg.) Personalwirtschaftlicher Wandel in Japan: Gesellschaftlicher Wertewandel und Folgen für die Unternehmenskultur und Mitarbeiterführung. Wiesbaden: Gabler.

Deresky, Helen (2002) International Management: Managing across Borders and Cultures (4th ed). New York: Prentice Hall.

Dolles, Harald (2003) Vertrauen, Misstrauen und Kontrolle: Erfolgskritische Faktoren im internationalen Management deutsch-japanischer Unternehmungskooperationen. In: Dorow, Wolfgang & Groenewald, Horst (Hrsg.) Personalwirtschaftlicher Wandel in Japan: Gesellschaftlicher Wertewandel und Folgen für die Unternehmenskultur und Mitarbeiterführung. Wiesbaden: Gabler.

Emmerich, Reinhard (2000) Konfuzianismus, Daoismus und Buddhismus im vorkaiserlichen und kaiserlichen China. In: Staiger, Brunhild (Hrsg.) Länderbericht China: Geschichte, Politik, Wirtschaft, Gesellschaft, Kultur. Darmstadt: Primus. S. 252-264.

Erten-Buch, Christiane & Mattl, Christine (1999) Interkulturelle Aspekte von Auslandseinsätzen. In: Eckardstein, Dudo von, Kasper, Helmut & Mayrhofer, Wolfgang (Hrsg.) Management: Theorien-Führung-Veränderung. Stuttgart: Schäffer-Poeschel. S. 321-356

Fink, Gerhard, Kölling Marcus & Neyer, Anne-Katrin (2005) The Cultural Standard Method: Working paper Nr. 62. Wien: Europainstitut der Wirtschaftsuniversität Wien.

Graham, John L. & Lam, N. Mark (2005) Taktik – Geschäfte mit Chinesen. In: Seeger, Christoph (Hrsg.) China: Das Land verstehen – Verhandlungen führen – Konkurrenten abwehren. Frankfurt: Redline Wirtschaft.

Gransow, Bettina (2000) Gesellschaft. In: Staiger, Brunhild (Hrsg.) Länderbericht China: Geschichte, Politik, Wirtschaft, Gesellschaft, Kultur. Darmstadt: Primus. S. 178-220.

Grimm, Oliver (2006.15.04) Von Mao zum Markt: Chinas rasanter Aufstieg. Die Presse, S. 3.

Groenewald, Horst (2003) Strategien der Personalbeschaffung westlicher Unternehmungen in Japan. In: Dorow, Wolfgang & Groenewald, Horst (Hrsg.) Personalwirtschaftlicher Wandel in Japan: Gesellschaftlicher Wertewandel und Folgen für die Unternehmenskultur und Mitarbeiterführung. Wiesbaden: Gabler.

Haghirian, Parissa & Hoeffinger, Stefan (2006.15.03) Vortrag: Lost in Translation. Management Club.

Hanisch, Detlef A. (2003) Managementtraining in China – Neue Erkenntnisse über Akzeptanz und Relevanz westlicher

Managementtheorien und Trainingsmethoden. Frankfurt/Main: Peter Lang.

Hawlik, Karin (1995) Gegenüberstellung der Managementcharakteristika in Japan und Österreich unter Berücksichtigung der Einflussfaktoren des betrieblichen Umfeldes. Dipl. Arbeit, Wirtschaftsuniversität Wien, Wien.

Heilmann, Sebastian (2000) Politik und Staat. In: Staiger, Brunhild (Hrsg.) Länderbericht China: Geschichte, Politik, Wirtschaft, Gesellschaft, Kultur. Darmstadt: Primus. S. 67-102.

Heller, Thomas (2005) Interkulturelles Management China – Chinesische Kulturstandards aus der Sicht deutschsprachiger Führungskräfte in Shanghai (China). Eine quantitative und qualitative Analyse. Dipl. Arbeit, Wirtschaftsuniversität Wien, Wien.

Hills, Michael D. (2002) Kluckhohn and Strodtbeck's value orientation theory. In: Lonner, W. J., Dinnel, D. L., Hayes, S. A., & Sattler, D. N. (Eds.) Online Readings in Psychology and Culture, unit 6, chap. 3, Center for Cross-Cultural Research, Western Washington University, Bellingham, Washington USA. http://www.wwu.edu/~culture – abgefragt am: 6.7.2006.

Hofstede, Geert (1980) Culture's Consequences: international differences in work-related values. Beverly Hills [u.a.]: Sage Publications.

Hofstede, Geert (1991) Cultures and Organizations: Software of the mind. London: McGraw Hill.

Hofstede, Geert (1998) Attitudes, Values and Organizational Culture: Distangling the Concepts. Organizational Studies, vol 19 (3), S. 477-492.

Hofstede, Geert (2001) Culture's Consequences: comparing values, behaviors, institutions, and organizations across nations. Thousand Oaks [u.a.]: Sage Publications.

Japanische Botschaft (2005) Bevölkerung. http://www.at.emb-japan. go.jp/ – abgefragt am: 31.1.2006.

Kasper, Helmut & Mühlbacher, Jürgen (2002) Von Organisationskulturen zu lernenden Organisationen. In: Kasper, Helmut & Mayrhofer, Wolfgang (Hrsg.) Personalmanagement, Führung, Organisation. Wien: Linde Verlag. S. 95-155.

Keller, Eugen von (1982) Management in fremden Kulturen: Ziele, Ergebnis und methodische Probleme der kulturvergleichenden Managementforschung. Bern, Stuttgart: Haupt.

Kin, Bor Tam & Rodman, Jack (2006) Will China Crack Down on Reality Tricks? American Banker, vol. 171 (4), S. 10.

Knierim, Thomas (2006) Tao Te Ching. http://www.thebigview.com/tao-te-ching/index.html, http://www.thebigview.com/tao-te-ching/tao-te-ching.html – abgefragt am: 22.3.2006.

Kreiner, Josef (2005) Religionen heute. In: Mayer, Hans Jürgen & Pohl, Manfred (Hrsg.) Länderbericht Japan: Geographie, Geschichte, Politik, Wirtschaft, Gesellschaft, Kultur. Darmstadt: Wiss. Buchges.

Kuhnert, Iris (2004) Business with the Japanese. Offenbach: Gabal.

Lietsch, Jutta (2006.19.04) Die Arbeits-Sklaven des Wirtschaftswunders. Die Presse, S. 6.

Lin-Huber, Margrith A. (2001) Chinesen verstehen lernen. Wir – die Anderen: erfolgreich kommunizieren. Bern: Hans Huber.

Mayer, Hans Jürgen & Pohl, Manfred (1995) Vorwort der Herausgeber. In: Mayer, Hans Jürgen & Pohl, Manfred (Hrsg.) Länderbericht Japan: Geographie, Geschichte, Politik, Wirtschaft, Gesellschaft, Kultur. Darmstadt: Wiss. Buchges.

Mehri, Darius (2000 June) Death by overwork: Corporate pressure on employees takes a fatal toll in Japan. Multinational Monitor Washington, vol. 21 (6), S. 26-28.

Ming-Jer, Chen (2004) Geschäfte machen mit Chinesen: Insiderwissen für Manager. Frankfurt/Main [u.a.]: Campus.

Möhwald, Ulrich (2003) Trends des Wertewandels in der japanischen Gesellschaft. In: Dorow, Wolfgang & Groenewald, Horst (Hrsg.) Personalwirtschaftlicher Wandel in Japan: Gesellschaftlicher Wertewandel und Folgen für die Unternehmenskultur und Mitarbeiterführung. Wiesbaden: Gabler.

Ono, Hiroshi & Rebick, Marcus E. (2003) Constraints on the level and efficient use of labor in Japan. Cambridge: National Bureau of economic research, working paper 9484.

Penzias, Wolfgang Dr. (2006.12.01) Vortrag: China 2006 – Slowdown in the Boom Market? Management Club: Wirtschaftskammer Österreich, Abteilung für Außenwirtschaft.

Perlitz, Manfred (2004) Internationales Management (5. Aufl.). Stuttgart: Lucius & Lucius.

Pohl, Karl-Heinz (2002) Chinesische und asiatische Werte: Die chinesische Welt als zentraler Kultur- und Wirtschaftsraum Ostasiens. In: Nutzinger, Hans G. (Hrsg.) Religion, Werte und Wirtschaft – China und der Transformationsprozess in Asien. Marburg: Metropolis-Verlag. S. 105-128.

Pohl, Manfred (2002) Japan. München: C. H. Beck.

Pudelko, Markus (2000a) Das Personalmanagement in Deutschland, den USA und Japan. Die Bedeutung gesamtgesellschaftlicher Rahmenbedingungen im Wettbewerb der Systeme (Band 1). Köln: Saborowski.

Pudelko, Markus (2000b) Das Personalmanagement in Deutschland, den USA und Japan. Eine systematische und vergleichende Bestandsaufnahme (Band 2). Köln: Saborowski.

Reinhold, Gerd (1992) Wirtschaftsmanagement und Kultur in Ostasien – Sozial-kulturelle Determinanten wirtschaftlichen Handelns in China und Japan. München: Iudicium.

Scharf, Bettina Elisabeth (1997) Japan im Umbruch: Eine Analyse der Charakteristika des japanischen Managementsystems unter besonderer Berücksichtigung der Problematik weiblicher Erwerbstätigkeit. Dipl. Arbeit, Wirtschaftsuniversität Wien, Wien.

Schmidt, Richard J. (1996 März–April) Japanese Management, Recession Style. Business Horizons, March–April 1996, S. 70–76.

Scholz, Christian & Hofbauer, Wolfgang (1990) Organisationskultur. Die vier Erfolgsprinzipien. Wiesbaden: Gabler.

Schüller, Margot (2000) Wirtschaft. In: Staiger, Brunhild (Hrsg.) Länderbericht China: Geschichte, Politik, Wirtschaft, Gesellschaft, Kultur. Darmstadt: Primus.

Seifert, Thomas (2006.19.04) „Weniger Rechte als in kapitalistischen Ländern". Die Presse, S. 6.

Seifert, Thomas & Grimm, Oliver (2006.15.04) Der neue „große Sprung nach vorn". Die Presse, S. 4.

Smith, Peter B. & Bond, Michael H. (1998) The Social Psychology across Cultures (2. ed.). New York: Prentice Hall.

Sommer, Theo (1995) Japan im Umbruch. In: Mayer, Hans Jürgen & Pohl, Manfred (Hrsg.) Länderbericht Japan: Geographie, Geschichte, Politik, Wirtschaft, Gesellschaft, Kultur. Darmstadt: Wiss. Buchges.

Staehle, Wolfgang H. (1999) Management – eine verhaltenswissenschaftliche Perspektive (8. Aufl.). München: Vahlen.

Staiger, Brunhild (2000) Konfuzianismus, Daoismus und Buddhismus im 20. Jahrhundert. In: Staiger, Brunhild (Hrsg.) Länderbericht China: Geschichte, Politik, Wirtschaft, Gesellschaft, Kultur. Darmstadt: Primus. S. 264–268.

Teicher, Kerstin (2005) Human Resource Management deutscher Unternehmen in Japan. In: Bellmann, Klaus & Haak, René (Hrsg.) Management in Japan: Herausforderungen und Erfolgsfaktoren für deutsche Unternehmen in einer dynamischen Umwelt. Wiesbaden: Dt. Univ.-Verlag.

Teichler, Ulrich (1995) Erziehung und Ausbildung. In: Mayer, Hans Jürgen & Pohl, Manfred (Hrsg.) Länderbericht Japan: Geographie, Geschichte, Politik, Wirtschaft, Gesellschaft, Kultur. Darmstadt: Wiss. Buchges.

Thomas, Alexander & Schenk, Eberhard (2001) Beruflich in China – Trainingsprogramm für Manager, Fach- und Führungskräfte. Göttingen: Vandenhoeck und Ruprecht.

Web Japan (2002) Japan Fact Sheet: Employment. http://web-japan.org/factsheet/pdf/EMPLOYME.PDF – abgefragt am: 1.2.2006.

Weggel, Oskar (2002) China. München: Beck.

Wochenschau (2006.19.03) China: Wirtschaftswachstum kontra Umwelt. Österreichischer Rundfunk Fernsehen.

Yeow, Pamela (2003) The dissolution of life-long employment in Japan and its consequences for the work attitutes. In: Dorow, Wolfgang & Groenewald, Horst (Hrsg.) Personalwirtschaftlicher Wandel in Japan: Gesellschaftlicher Wertewandel und Folgen für die Unternehmenskultur und Mitarbeiterführung. Wiesbaden: Gabler.

Zakaria, Fareed (2005) Big enough to know better. Newsweek, vol 146/147, S. 45.

Teil 2

Interkulturalität – wie geht das eigentlich?

Der Begriff Interkulturalität bezeichnet eine Beziehung zwischen zwei oder mehreren Kulturen. Das bedeutet einerseits, dass in einer ganz bestimmten Situation verschiedene Teilnehmer aus verschiedenen Kulturen agieren, und andererseits, dass sich eine Eigendynamik entwickelt, die über die Addition der Merkmale der an dieser Interaktion beteiligten Kulturen hinaus geht. Das heißt, dass in einer kulturellen Überschneidungssituation die eigene(n) und fremde(n) Kultur(en) aufeinander treffen. Dadurch entsteht das Interkulturelle, weil man das Verhalten einer Person, die aus einem anderen kulturellen Kontext kommt, zwar nicht kennt, aber in einer Projektion des Eigenen interpretiert. Die an einer interkulturellen Aktion beteiligten Partner stehen in ihrem Verstehen und Handeln immer unter dem Einfluss des eigenen Ethnozentrismus.

Beim Aufeinandertreffen von Menschen aus unterschiedlichen Kulturen kommt es sehr oft zu Problemen und Missverständnissen, weil die Kommunikationsgewohnheiten des jeweiligen Gegenübers meist nicht bekannt sind. Diese Missverständnisse kommen sowohl in der verbalen als auch in der nonverbalen Kommunikation zum Tragen.

Der Schlüssel zur Überwindung derartiger Missverständnisse ist eine zielgerichtete interkulturelle Kompetenz. Darunter versteht man die Fähigkeit, mit Menschen anderer Kulturkreise erfolgreich umzugehen. Diese Fähigkeit kann schon in jungen Jahren vorhanden sein oder auch erlernt, entwickelt und gefördert werden. Die Basis für erfolgreiche interkulturelle Kommunikation ist emotionale Kompetenz und interkulturelle Sensibilität. Eine Person ist somit interkulturell kompetent, wenn sie in der Zusammenarbeit mit Menschen aus ihr fremden Kulturen deren spezifischen Konzepte der Wahrnehmung, des Denkens, Fühlens und Handelns erfasst, begreift und kommunikativ umzusetzen imstande ist. Dabei muss die Bereitschaft zum Dazulernen ausgeprägt vorhanden sein.

Jeder Mensch hat seine eigene Geschichte, sein eigenes Leben und daher auch seine eigene kulturelle Identität. Im zwischenmenschlichen Umgang betrifft dies natürlich Menschen aus anderen Kulturkreisen, Kontinenten oder Ländern, aber ebenso aus anderen wirtschaftlichen Unternehmen usw. Sogar innerhalb ein und derselben Familie können unterschiedliche kulturelle Werte eine Rolle spielen. Voraussetzungen für eine gelungene interkulturelle Interaktion sind Sensibilität, das Verständnis anderer Verhaltensweisen und Denkmuster und die Fähigkeit, den eigenen Standpunkt transparent zu vermitteln. Besonders wichtig ist es auch, Flexibilität zu zeigen, wo es möglich ist, und klar zu sein, wo es notwendig ist.

Interkulturalität bedeutet also eine der jeweiligen Situation angepasste Ausgewogenheit zwischen:

- Kenntnissen und Erfahrungen (betreffend andere Kulturen, Personen, Nationen, Verhaltensweisen),
- Einfühlungsvermögen (Empathie, Hineinversetzen können und Erfassen der Gefühle und Bedürfnisse anderer) und
- Selbstsicherheit (Selbstbewusstsein, Kenntnis der eigenen Stärken, Schwächen und Bedürfnisse, emotionale Stabilität).

Durch die zunehmende Globalisierung gibt es von Tag zu Tag mehr Unternehmen im In- und Ausland, bei denen Menschen aus verschiedenen Nationen an ein und demselben Unternehmensstandort zusammen arbeiten. An dieser Schnittstelle zwischen den Kulturen sind die unterschiedlichen Kommunikationsgewohnheiten besonders gravierend, da man – im Gegensatz zur privaten Kommunikation – auf einen erfolgreichen Informationsaustausch angewiesen ist. Schließlich müssen in einem Unternehmen, das im internationalen Wettbewerb bestehen will, alle Teilbereiche bis hinunter ins letzte Glied möglichst perfekt funktionieren. Zeitverschwendung oder Produktivitätsverluste durch Kommunikationsfehler kann sich heutzutage kein Unternehmen mehr leisten.

Zur Steigerung der Erfolgsaussichten in der Zusammenarbeit mit Menschen aus fremden Kulturkreisen, insbesondere bei Verhandlungen, Kooperationen, Fusionen usw. können und sollten die verantwortlichen Personen nach den erforderlichen Kriterien ausgewählt, zielgerichtet weitergebildet und vorbereitet werden. Was, wie die Interviews in diesem Buch zeigen, in der interkulturellen Praxis durchaus weitestgehend praktiziert wird.

Letztlich liegt aber die Verantwortung für ein reibungslos funktionierendes Miteinander beim Management. Man spricht dann vom Konzept des interkulturellen Managements. Denn genau dort, wo Menschen unterschiedlicher Nationen und/oder Religionsbekenntnisse produktiv zusammenarbeiten sollen, müssen die verantwortlichen Manager danach trachten, ein einwandfreies Arbeiten zu gewährleisten. Das bedeutet nicht mehr und nicht weniger, als dass die gesamte Organisationsstruktur international agierender Unternehmen auf den Faktor „Interkulturalität" ausgelegt werden muss beziehungsweise müsste. Im Detail bedeutet dies eine unter Umständen totale Veränderung der Organisationsstruktur in vielen Bereichen. So wird etwa eine Anpassung der Unternehmenssprache (auch die aller Dokumente und Software) an eine Sprache, die alle Mitarbeiter sprechen (meist ist dies Englisch), notwendig sein beziehungsweise werden. Weiters sollte mittels zielgerichteter Trainings und Coachings interkulturelle Kompetenz im Unternehmen herangebildet werden. Im Unternehmensalltag muss es Freiräume zum Erleben und Ausleben von Andersartigkeit geben – so kann die Zufriedenheit der Mitarbeiter ohne viel Aufwand gesteigert werden. Und letztlich kann sich ein Unternehmen durch eine stärkere Einbindung der Personalentwicklung (so überhaupt vorhanden) in die richtige Auswahl und Weiterbildung von transnational agierenden Teammitgliedern wesentliche Wettbewerbsvorteile verschaffen.

Der Weg dorthin führt fast zwangsläufig über eine Form des sozialen Lernens mit dem Ziel der interkulturellen Kompetenz, das man interkulturelles Lernen nennt und das einen gewissen Bezug zum Begriff „Globales Lernen" aufweist. Ziel des interkulturellen Lernens sind: ein bewusster und kritischer Umgang mit Stereotypen, der Ausbau von

Akzeptanz für andere Kulturen, die Überwindung des Ethnozentrismus und, ganz allgemein, Fremdverstehen. Ein Aufsatz im „Handbook of Intercultural Training", veröffentlicht 1993 von William B. Gudykunst und Mitchell R. Hammer, bildet den Auftakt zur Typologisierung solcher Trainings. Die beiden Wissenschafter unterscheiden dabei kulturallgemeine und kulturspezifische, in Bezug auf den Prozess informatorische oder interaktionsorientierte Trainingstypen. Das Ziel all dieser Schulungen ist eine Steigerung der interkulturellen Kompetenz der lernenden Personen, wobei ganz gezielt Sach-, Sozial- und Selbstkompetenzen erlernt werden sollen. Vermittelt werden dabei unter anderem länderspezifische Kenntnisse oder kulturstrategische Kompetenzen, kommunikative Kompetenz, Expressivität und interkulturelle Teamfähigkeit sowie Selbstreflexion und Selbstregulierung in interkulturellen Kontexten.

Der Weg scheint klar. Doch wer ihn wie wohin geht, das sollen die Interviews mit Vertretern einer Reihe von international erfolgreich agierenden Firmen aus Deutschland und Österreich beispielhaft zeigen.

Foto: Oswald M. Klotz

Alexander Wurz

Berlitz Cultural Consulting:

„Leider muss es erst einmal weh tun, bevor die Leute zu uns kommen"

Eine der weltweit bekanntesten Sprachschulen heißt Berlitz. Es gibt wohl kaum eine Sprache auf der Welt, die man bei Berlitz nicht erlernen könnte. Was aber weitgehend unbekannt bleibt, ist die Tatsache, dass Berlitz nicht nur beim Erlernen von Sprachen hilft, sondern seit geraumer Zeit auch Kenntnisse der Kultur und der fremden Sitten und Gebräuche des jeweiligen Ziellandes vermittelt. Details erläutert der Kommunikationsexperte Alexander Wurz, Director Europe and Middle East von Berlitz Cultural Consulting.

Herr Wurz, warum kommen die Leute zu Ihnen?

WURZ: Sie kommen zu Berlitz, weil sie ihre Kommunikationskompetenzen verbessern wollen. Vor vielen Jahren dachte man, Kommunikation sei ausschließlich Sprache, aber heute ist man sich bewusst geworden, dass zum Verständnis für andere Kulturen viel mehr dazu gehört als nur Sprache. Es gibt Studien, die sagen, dass zum Vertrauensaufbau in einem Erstkontakt nur acht Prozent Wörter ausreichen. Bisher sind also 92 Prozent unberücksichtigt geblieben. Es geht dabei um Augenkontakt, um die Körpersprache, also die Gestik, und auch um alle kulturellen Werte, die mich prägen. Wir wollen den Kunden hundert Prozent geben, das heißt, die Sprache und das interkulturelle Wissen. Die Menschen kommen zu Berlitz, damit sie eine bessere Integration erleben, wenn sie in ein fremdes Land gehen oder damit sie im internationalen Geschäftsleben erfolgreicher sind.

Wenn ein Kunde zu Ihnen kommt und sagt „Ich möchte interkulturell geschult werden", was passiert da?

WURZ: Zuerst muss man sich darüber klar werden, was die Person darunter versteht. Ich bin persönlich seit nun neun Jahren im interkulturellen Bereich tätig und es hat sich da viel geändert. Vor neun Jahren war das oft reine Theorie, die vermittelt wurde. Ein Bewusstsein über interkulturelle Unterschiede hat sich erst in den letzten neun Jahren extrem entwickelt. Heute wollen die Kunden viel mehr praxisorientierte Seminare, in denen Managementskills praxisnah trainiert werden. Das heißt, wir müssen erstmal klären, was der Kunde überhaupt will, in welchem Kontext er arbeitet. Geht er für zwei Jahre nach Japan oder arbeitet er regelmäßig mit Chinesen in Österreich oder woanders in Europa, ist er in Führungsfunktion, muss er Mitarbeiter motivieren oder muss er verkaufen. Wir machen also zuerst eine genaue Bedarfsanalyse, um zu verstehen, was genau der Kunde braucht.

Wo liegen dabei die größten Probleme?

WURZ: Es ist leider noch keine Selbstverständlichkeit, dass der Kunde automatisch zu uns kommt, weil viele einfach die interkulturellen Unterschiede unterschätzen. Viele meinen: „Das kriegen wir schon irgendwie hin, wir sind doch alle Manager, wir wollen alle Geld verdienen und wir müssen Leute motivieren". Und das stimmt auch: das ist auf der ganzen Welt das gleiche Ziel, unabhängig von der Kultur. Nur, was die Leute unterschätzen, ist der Weg dorthin. Es gibt oft riesige Unterschiede, wie man an dieses Ziel kommt, ob es jetzt finanziell ist oder ein anderes. Jede Kultur hat ihre gewohnte Herangehensweise, die aber von Kultur zu Kultur sehr unterschiedlich sein kann und deshalb oft auf Unverständnis stößt.
Wenn jemand zu uns kommt, ist das schon ein gutes Zeichen. Das bedeutet ja, dass da jemand ist, der ein Gespür für das Fremde hat, oder der schon extreme, negative Erfahrungen gemacht hat und auf die Nase gefallen ist. Leider muss es oft erstmal weh tun, bevor die Leute zu uns kommen. Schwieriger ist es, wenn wir den Teilnehmern die Inhalte in einem Seminar näher bringen wollen, sie sich ihrer Ziele aber noch nicht so richtig bewusst sind.

Könnte man diese Kunden sozusagen als von ihrer Firma zwangsverpflichtet bezeichnen?

WURZ: Teils – teils. Es kommt vor, ja. In manchen Kulturen funktioniert es, wie zum Beispiel in Frankreich. Da ist ganz klar, da hat der Chef eine viel stärkere Position, und wenn der sagt: „Ihr geht in das Training", dann müssen die

Mitarbeiter dies tun. In China ist es genauso, auch in Russland. In Österreich und in Deutschland ist es nicht ganz so extrem, da muss man andere Wege gehen. Da geht man viel mehr auf dem Umweg über das Expertenwissen. Letztendlich ist es natürlich schwierig, die Leute zu überzeugen, wenn sie noch nie etwas von Interkulturalität gehört haben. Aber dann muss ich natürlich ganz klare return-on-time-Aspekte reinbringen und das ist das, was unsere Kunden uns auch bestätigen. Sie sagen: „Anstatt von fünf mache ich nur noch drei Meetings für ein ähnliches Projekt nach einer Seminarteilnahme", und was ein Meeting kostet mit einer Handvoll von Führungskräften, die für etliche Tage nach Peking fliegen, das kann man ja selber mal durchrechnen.

Ich kann das nicht, tun Sie es für mich.

WURZ: Nehmen Sie ein Meeting in Peking, mit – sagen wir – drei Führungskräften. Da haben Sie natürlich schon drei Flugtickets. Die Manager fliegen ja meistens Business Class auf solchen Langstrecken, das kostet dann schon etwa 4.000 bis 5.000 Euro pro Kopf. Somit sind wir bei 12.000 bis 15.000 Euro nur für die Flugkosten. Dann haben Sie noch vielleicht zwei, drei oder vier Nächte vor Ort, das Hotel zu 100 bis 150 Euro. Dann haben Sie noch mal pro Person mindestens 500 Euro, mal drei ist 1.500 Euro. Damit sind wir jetzt schon bei 13.500 bis 16.500 Euro. Dann rechne ich noch das Essen dazu, dann haben Sie noch mal, mindestens 1.000 Euro. Jetzt liegen wir schon bei mindestens 14.500 Euro, ohne das Gehalt dieser Manager eingerechnet zu haben. Deswegen sage ich, ein einziges Meeting einsparen zu können, das ist schon eine sehr gute Investition für die Firma.

Was beinhaltet so ein Seminar ganz konkret?

WURZ: Das kommt auf den genauen Bedarf an. Es gibt natürlich maßgeschneiderte Seminare, je nachdem, was die Leute wollen. Nehmen wir mal als Beispiel eine Führungskraft, die regelmäßig nach China fliegt und sagt „Ich möchte meine Kommunikation mit Chinesen verbessern". Dann wird ein Fragebogen ausgefüllt, und anschließend gibt es noch ein Telefongespräch mit dem Consultant, bevor das Seminar überhaupt stattfindet. Wir wollen ja kein Standardseminar veranstalten, sondern die Situation und die Bedürfnisse des Teilnehmers genau verstehen und das Seminar ganz konkret nach Maß schneidern. Inhaltlich beginnen wir mit einer generellen Einführung zum Interkulturellen – was ist interkulturell, was bringt das Interkulturelle. Dann vermitteln wir gewisse Grundtheorien. Diese stützen sich auf zahlreiche wissenschaftliche Untersuchungen, die zusammen mit Tausenden von Menschen seit über 30 Jahren geführt werden. Danach geht es relativ schnell ans Eingemachte. Das ist dann ein richtiges Managementtraining. Und wenn wir beim Beispiel Zielland China bleiben, heißt das: Wie motiviere ich in China, wie delegiere ich in China, wie verläuft ein Entscheidungsfindungsprozess in China, wie gehe ich mit einem Konflikt in der anderen Kultur um, wie muss ich eine Präsentation machen, dass die Leute mir wirklich zuhören, wie überzeuge ich Menschen in dieser Kultur. Das sind nicht nur Checklisten, sondern das wird vor allem dadurch vermittelt, indem Hintergrundwissen zu der jeweiligen fremden Kultur gegeben wird, wie zum Beispiel deren Grundwerte. Wenn Sie Informationen zu China haben wollen, sollten Sie auf jeden Fall auch die Lehren von Konfuzius kennen. Eine Kultur entsteht nicht von heute auf morgen, dies ist ein Prozess über Jahrhunderte oder sogar Jahrtausende. Wenn Sie die 2.000 Jahre alten Lehren des

Konfuzius einmal studieren, finden Sie Werte und Verhaltensweisen wieder, die die Chinesen im Management heute noch anwenden. Diese beeinflussen immer noch sehr stark die Art ihres Denkens und Arbeitens. Schon Konfuzius lehrte u. a. Respekt vor Hierarchie und Gruppendenken. Das heißt, man muss sich genau anschauen, wo die Kultur herkommt, was sind die Werte, was ist die Geschichte. Religion spielt natürlich auch eine Rolle, um das Verständnis zu schaffen, warum andere Kulturen anders denken als zum Beispiel Österreicher oder Deutsche.
Es geht also um das Grundverständnis einer Kultur, um dann die praktischen Tipps besser einordnen zu können. Dies wird sehr interaktiv vermittelt, und wenn es Gruppen sind, natürlich auch mit Rollenspielen und Simulationen, bei denen die Teilnehmer auch einmal die andere Kultur spielen dürfen und sollen, um zu spüren, dass alles nicht nur Theorie ist. Ziel ist, dass die Teilnehmer auch emotional im Thema drin sind. Als Schluss des Seminars wird das Erlernte mit einem konkreten Aktionsplan beendet. Alle sollen mit konkreten und umsetzbaren Ideen nach Hause gehen. Dabei werden zum Beispiel neue (interkulturelle) Regeln bei internationalen Besprechungen eingeführt.

Sprechen wir ganz kurz über eine Definition. Was ist denn Ihrer Meinung nach überhaupt „interkulturell"? Was verstehen Sie, was versteht Berlitz darunter?

WURZ: Da gibt es natürlich Hunderte von Definitionen. Wenn wir von Kultur reden, meinen wir natürlich nicht die Kultur, wie ins Kino oder ins Theater gehen oder Musik hören. Kultur ist das, was uns prägt. Kultur, das sind jene Werte, die wir von unseren Eltern, von unserem Umfeld, von unseren Lehrern mitbekommen. Und ob wir wollen oder nicht, wenn wir 15 Jahre lang jeden Tag solche Werte mitbekommen, erfahren, was gut, was schlecht ist, was positiv, was negativ, was höflich, was unhöflich ist, dann hinterlässt dies Spuren in unseren Köpfen und prägt unsere Denkweisen. Da diese Prägung sehr früh erfolgt, also in den ersten sechs, sieben, acht Jahren und dazu noch unbewusst, ist es ganz schwierig, sich dessen bewusst zu werden. Deswegen können wir auch vielleicht nicht so leicht darüber reden. Prof. Geert Hofstede, einer der großen „Gurus" des interkulturellen Managements[29], hat eine schöne Definition unter den Tausenden von Definitionen von Kulturen geprägt, die ich persönlich ganz gut finde. Er sagt, Kultur sei die Software unseres Kopfes, „Software of the mind", sagt er wörtlich auf Englisch. Wenn wir uns beispielsweise Franzosen und Österreicher anschauen, stellen wir fest, dass diese äußerlich gleich ausschauen – das ist genauso wie mein Laptop und Ihr Laptop. Beide sehen auch genau gleich aus, aber das heißt noch lange nicht, dass sie gleich funktionieren. Ich sehe nicht, ob Ihr Laptop unter Windows läuft oder unter Macintoshs Apple-Software. Hofstede sagt, mit Kulturen ist das ähnlich. Da haben Sie die Hardware, das Äußere, was wir sehen – zwei Arme, zwei Füße, einen Körper, einen Kopf, und Sie haben das, wie wir mental programmiert sind, aber das sehen wir nicht. Es ist nicht so einfach, Kultur zu definieren, aber es war ein Versuch.

Kehren wir zurück zur Praxis. Wo haben Ihre Kunden, Ihre Klienten die größten Probleme?

WURZ: Wir haben Umfragen gemacht und analysiert, in welchen Kulturen man die größten Herausforderungen hat. Und es ist keine Überraschung, dass China und Japan an erster Stelle stehen. Überraschender ist die Nummer drei, die

[29] Der Niederländer Geert Hofstede ist ein international anerkannter Experte für Kulturwissenschaften und gilt als einer der Gründerväter der modernen interkulturellen Forschung.

USA. Unter den ersten zehn Kulturen finden Sie auch einige europäische Kulturen. Dies wundert mich nicht. Es gibt nämlich ein ganz großes Missverständnis: Man denkt, je weiter eine Kultur entfernt ist, desto unterschiedlicher muss sie sein. Deshalb verkaufen wir viel mehr Seminare für China, Japan und alle Kulturen, die geographisch weit entfernt sind. Grund ist die hohe Erwartungshaltung, dass es dort große Unterschiede geben muss. Die kommen dann auch, aber man ist gar nicht so extrem überrascht, da man sich ja schon mental darauf vorbereitet hat. Deshalb kann man dann dem Japaner einen Fauxpas einfacher verzeihen. Aus meiner Erfahrung ist es viel schwieriger, den Managern Unterschiede zwischen Nachbarländern bewusst zu machen. Nehmen wir direkte Nachbarn wie Deutschland und Frankreich. Man denkt, sie sind Nachbarn, man denkt, sie sind in Europa, also müssen sie auch ähnlich sein. Und dies ist ein ganz gefährlicher Trugschluss. Diese beiden Kulturen sind nämlich sehr unterschiedlich, aber man nimmt das nicht so wahr. Und wenn dann ein Missverständnis auftritt, dann meint man, der andere mache dies absichtlich. Und das ist deshalb emotional viel stärker besetzt als bei Chinesen und Japanern. Das gleiche Beispiel könnte ich jetzt auch über Deutsche und Österreicher sagen. Wir reden ja die gleiche Sprache, aber wir haben nun mal nicht die gleiche Kultur.

Unsere Kunden interessieren sich für ganz konkrete Managementthemen, wie zum Beispiel Verhandlungstaktiken in anderen Kulturen: Wie verhandle ich mit Chinesen, wie überzeuge ich einen Franzosen, wie präsentiere ich vor Amerikanern? Immer wichtiger wird auch das Thema der interkulturellen Kommunikation per E-Mail und das Führen von virtuellen Teams in verschiedenen Kulturen. Ein weiteres wichtiges Thema ist multikulturelle Teambildung. Es kommt ja immer öfter vor, dass in einer Abteilung zehn

Leute, die aus acht verschiedenen Kulturen stammen, an einem gemeinsamen Projekt arbeiten. Die sagen: „Ja, wir sind hier jeden Tag zusammen und wir müssen und wollen effizienter kommunizieren."

Das alles gilt doch nicht nur, wenn ein Manager nach China, nach Japan oder wohin immer ins Ausland fährt. Es gilt auch für Deutschland, für Österreich, für Europa, wo in einer Firma unter Umständen fünf, sechs, zehn oder mehr Nationen zusammenarbeiten. Sie haben es ja gerade erwähnt. Aber genügt es – was ich schon bei einigen Firmen gehört habe, wenn man sagt: „Naja, wir kochen in unserer Kantine halt so, dass die, die Moslems sind, kein Schweinefleisch bekommen", oder: „Wir bieten im Winter jedem eine Rodel an, damit er mal ordentlich den Hang runter rutschen kann." Glauben Sie, genügt das wirklich?

WURZ: Nein, auf keinen Fall. Das ist ein guter erster Schritt, den ich nur befürworten kann. Dies ist der einfachste Teil einer Kultur, da er sichtbar ist. Es bringt aber nichts, wenn ich mit jemandem rodeln gehe, wenn ich nicht weiß, mit welcher Religion er aufgewachsen ist und wie diese Religion sein Verhalten beeinflusst. Oder nehmen wir als Beispiel Russland. Wenn ich weiß, dass in Russland die emotionale Ebene viel, viel stärker ist als in Österreich, extrem stark, dann bringt es mir nichts, wenn ich mit dem russischen Geschäftspartner nur in ein Restaurant gehe. Man muss wissen, warum ich mir mit einem Russen viel mehr Zeit nehmen muss, um die affektive Ebene aufzubauen, die Beziehungsebene, viel mehr als mit Österreichern oder Deutschen. Und wenn ich das nicht beachte, dann kann ich dem Russen zwar alles hinstellen, auch den besten Wodka, aber das bringt nichts. Auch sollte man sich des Folgenden bewusst sein: Wenn ich zum Beispiel einen Italiener so motiviere, wie ich einen Österreicher motiviere, dann laufe ich Gefahr, den Italiener zu demotivieren, weil es einfach eine ganz andere Art der Motivation ist, die bei ihm wirkt. Das ist das Gefährlichste im Interkulturellen, weil ich etwas für mich ganz normales mache, etwas, was in meiner Kultur sehr positiv ist, was aber in anderen Kulturen vielleicht als nicht normal oder sogar als schockierend – oder zumindest als demotivierend – wahrgenommen wird. Da ich aber davon ausgehe, dass ich positiv und motivierend wirke, denke ich natürlich, der Andere ist schuld und, so interpretiere ich vielleicht, er will nicht arbeiten, er ist nicht motiviert, er mag mich nicht. Das sind typische interkulturelle Fallen, wo ein Manager wissen muss, wie er die Dinge angehen muss, um effizient zu sein.

Lässt sich in wenigen Worten sagen, wie ich einen Franzosen, einen Japaner oder einen Chinesen motiviere? Sozusagen als Schnell-Gebrauchsanleitung?

WURZ: Leider nicht. Wir benötigen pro Kultur in der Regel zwei Tage. Aber ich möchte trotzdem einige der größten Missverständnisse herausarbeiten: Die Österreicher, auch die Deutschen, sind sehr faktenorientiert. Wir können mit Details arbeiten und das reicht uns teilweise. Wenn wir noch zusätzlich eine Beziehungsebene haben, ist es umso schöner. In Frankreich, Italien, Spanien und den meisten osteuropäischen Kulturen geht ohne Beziehungsebene oft gar nichts, auch wenn die Fakten alle stimmen. Wenn Ihr Gesprächspartner dort sagt: „Ich spüre Sie nicht“, dann macht er keine Geschäfte mit Ihnen, auch wenn die Fakten dafür sprechen. Das ist für einen Österreicher nicht nachvollziehbar, weil ich durchaus mit jemandem Business machen kann, auch wenn ich ihn nicht ausstehen kann, weil es einfach Sinn macht. Bei Japanern muss man besonders wegen des Gesichtsverlusts aufpassen. Bei uns kann man jemanden ohne Weiteres direkt kritisieren, das macht man in Japan nicht, da verliert die kritisierte Person das Gesicht. Da ist die Gruppenharmonie viel wichtiger, Kritik versucht man irgendwo zwischen den Zeilen oder in einem Vier-Augen-Gespräch vorzubringen. Eine Kultur ist aber viel zu komplex, um dies auf eine einzige Aussage herunterzubrechen.

Ich weiß, dass auch bei Berlitz viele Menschen aus vielen Nationen arbeiten, d.h. Sie müssen selbst Interkulturalität üben. Wie leben Sie das?

WURZ: Wenn man als Beispiel eines von unseren 500 Sprachcentern hernimmt, da haben Sie im Schnitt 30 Angestellte, davon sind mindestens 90 Prozent aus fremden Kulturen, weil unser Ansatz im Sprachenbereich lautet, dass Sprachen nur von Muttersprachlern unterrichtet werden. Deshalb sollte der Centerdirektor natürlich mit diesen Kulturen umgehen können. Jeder neue Verkäufer von Berlitz wird nicht nur ein Verkaufstraining durchlaufen, sondern er wird auch – meistens auch von mir persönlich – ein ganztägiges interkulturelles Seminar bekommen. Ich gebe ganz offen zu, dass einige unserer Mitarbeiter nicht verstanden haben, dass wir tolle interkulturelle Seminare für Firmen machen, aber intern hierzu bis vor einiger Zeit nicht viel angeboten haben. Wir haben dies aufgenommen und sofort geändert. Der Berlitz-Vorstand für Europa hat gerade letzten Monat ein interkulturelles Seminar zu Russland besucht, weil wir dort Berlitz neu aufbauen werden.

Worin besteht denn die Berlitz-Kultur?

WURZ: Berlitz wurde von einem Deutschen, Maximilian Delphinius Berlitz, 1878 in den USA gegründet. 2001 wurde die Firma von einem japanischen Unternehmen aufgekauft, von Benesse Corporation. Bezüglich der Berlitz-Kultur muss man sehen, dass letztendlich alle 500 Center in den 60 Ländern eigene Profitcenter mit vielen multikulturellen Angestellten sind. Es ist also eine sehr spezielle Unternehmenskultur. Wir können uns heute auch in unseren Seminaren nicht nur auf die Landeskultur versteifen – das ist sogar ganz gefährlich. Wenn ich sage „die Franzosen, die Österreicher, die Chinesen", dann ist das schwarz-weiß. Das gibt es nun mal nicht. Eine Unternehmenskultur kann die Landeskultur verstärken oder abschwächen – und am Ende steht dann das Individuum. Bei Berlitz ist schon ein Großteil der amerikanischen Kultur vorhanden, auch wenn die Japaner jetzt immer mehr im Management präsent sind. Aber es gilt noch immer der alte Slogan: „Think global, act local".

Fragen Sie das auch intern ab? Gibt es interne Befragungen über Zufriedenheit, über Probleme, auch von interkultureller Art?

WURZ: Systematische Fragebögen gibt es nicht. Es gibt keine systematische, interne Mitarbeiterbefragung, wie sie manche Firmen machen.

Ich komme noch einmal auf Ihre Seminare zurück. Überprüfen Sie eigentlich irgendwann einmal später, ob Sie damit Erfolg hatten?

WURZ: Das ist natürlich einer der Knackpunkte in so einem Seminar: Wie kann man den Erfolg messen? Dies ist eine ganz große Herausforderung und, um es gleich vorwegzunehmen: so ganz konkret messen kann man das natürlich nicht. Es beruht dann mehr auf Anekdoten, Geschichten, Erlebnissen, best practices. Optimal ist es, wenn ein Seminar nicht nur einmal stattfindet, und das war's dann. Das optimale Seminar ist das, wo es einige Monate später ein Follow-up gibt. Das bieten wir auch oft an, und solche Ver-

anstaltungen werden von den Kunden auch sehr gerne in Anspruch genommen. Leute, die ins Ausland geschickt werden, bekommen ihren ersten Teil des Trainings, bevor sie gehen, sagen wir mal, in Wien. Und 6 Wochen später folgt dann noch der zweite Teil zum Beispiel in Singapur.
Ich gebe Ihnen ein konkretes Beispiel, wie wir Erfolg messen können: Ich hatte vor einigen Jahren deutsche Manager geschult, die neu in einer französischen Muttergesellschaft gearbeitet hatten. Sie haben mir erzählt: „Es blockiert irgendwie. Wir hatten schon vier Meetings, und die Franzosen schulden uns drei Millionen Euro. Die zahlen nicht, aber das steht doch im Vertrag!" Am ersten Tag des Trainings habe ich mit den Teilnehmern gemeinsam viele konkrete Tipps zum Ablauf einer Besprechung, zum Präsentationsstil und zum Vertrauensaufbau mit Franzosen erarbeitet. Am zweiten Tag des Trainings, nachdem wir schon die ersten bewusstseinsbildenden Prozesse durchlaufen hatten, nachdem die Leute bereits viele Aha-Effekte gehabt hatten, worauf diese Blockaden zurückzuführen waren, sagte ich: „Jetzt simulieren wir einfach das nächste Meeting". Einige Teilnehmer haben dann die Franzosen gespielt und die anderen eben die Deutschen. Anschließend haben wir das Rollenspiel gemeinsam analysiert. Drei Wochen später hat mein Telefon geklingelt, und einer der Teilnehmer des Seminars meinte: „Herr Wurz, vielen Dank. Die Besprechung lief fast genauso ab wie im Training. Eineinhalb Millionen Euro haben wir sofort zugesagt bekommen, und die anderen eineinhalb Millionen werden wir auch bald erhalten". Was war passiert? Sie haben einfach den Ansatz für das Meeting geändert und viel mehr Wert auf die Beziehungsebene gelegt. So gesehen kann man schon messen, ob etwas bei einem Seminar von Berlitz herauskommt. Ich würde sagen: Für ein zweitägiges Seminar drei Millionen Euro – das ist doch ein guter Return on Investment, nicht wahr?

Das würde ich auch so sehen. Mir ist da neulich eine Geschichte untergekommen: Unterschiede bei Geschäftsbeziehungen zwischen deutschen und italienischen Unternehmen. Wenn ein Deutscher bei einem Deutschen bestellt, erwartet er, dass er, sagen wir, innerhalb von drei Wochen die Ware, die er bestellt hat, auch geliefert bekommt. Bestellt er bei einem Italiener und versäumt es, dort x-Mal anzurufen und auch noch am Vortag des Liefertermins zu fragen: „Wirst Du morgen wirklich liefern?", dann geht der Italiener davon aus, dass es offenbar nicht so dringend ist und wird den Termin nicht halten. Kennen Sie das?

WURZ: Ja, das ist ein Klassiker. Das ist so bei vielen Südländern. Es gibt genau die gleichen Beispiele auch mit Franzosen. Zwei Dinge muss man in dem Umgang mit Südländern wissen: Sie können dem Italiener sagen: „Mach das bitte in drei Wochen; dann muss das fertig sein", und Sie können sogar hinzufügen: „Es ist wichtig – it's urgent". Da muss man aber erst einmal wissen, dass das Wort „urgente", also „wichtig" in Italien mehrmals am Tag benutzt wird, um die Aufmerksamkeit der Anderen zu bekommen. In diesen Kulturen funktioniert dies oft über die emotionale Ebene. Das heißt, am Ende des Tages hat man 30 Dinge auf dem Tisch, die alle „wichtig" sind. Und da haben die Italiener einen Überlebensmechanismus entwickelt, der da lautet: „Ich kann das alles ja gar nicht machen, da bräuchte ich ja 28 Stunden pro Tag". Deshalb machen sie dann ein Ranking der Prioritäten: da gibt es dann „wichtig 1", „wichtig 2", „wichtig 3", usw. Der zweite Punkt, den man auch noch wissen muss, ist folgender: Wenn man in Österreich etwas delegiert, dann ist es Sache des Spezialisten, sich weiter darum zu kümmern. Das bedeutet, wenn ich etwas an Sie delegiere, dann mache ich das, weil ich weiß, Sie können das machen, und dann erwarte ich auch, dass Sie das machen. Da habe ich als Chef normalerweise nichts mehr damit zu tun. Ich ändere auch meine Meinung nicht mehr. Und das ist auch der große Unterschied: In Italien gibt es ein Sprichwort: „Nur ein Idiot ändert seine Meinung nie". Das heißt, in Italien (und auch in Frankreich) kann der Chef relativ unproblematisch seine Meinung ändern. Wenn aber ein Vorgesetzter in Deutschland nach drei Tagen sagt: „Vergessen Sie es, wir machen das ganz anders", dann haben Sie drei Tage verloren und vielleicht auch noch den Respekt. In Italien wird so ein Verhalten hingegen meist positiv wahrgenommen. Da heißt es dann: „Mensch, der hat seine Meinung geändert, das ist ein flexibler Chef, der ist offen, der passt sich an; das macht Spaß, für so einen Chef zu arbeiten".

So und jetzt nehmen wir mal die zwei Dinge: „Wichtig" und „Chef". Das ist auch schon die Erklärung, warum man bei einem Italiener dauernd nachhaken muss. Denn erstens ist alles wichtig – na ja, abwarten, ob es wirklich wichtig ist. Und zweitens: die Chance, dass der Andere seine Meinung ändert, ist sehr hoch, also erste Reaktion: abwarten. Würde er nämlich gleich anfangen zu arbeiten, wäre er ja sehr ineffizient, denn er könnte ja seine ganze Zeit verlieren, wenn sich der Auftrag inzwischen ändert. So, was mache ich also? Ich beauftrage den Italiener mit etwas, gehe am nächsten Tag wieder hin und erkläre ihm, „es ist wichtig und dringend", am nächsten Tag komme ich wieder und frage: „Hast du schon angefangen?" Sagt der Italiener: „Nein, noch nicht, weil da kam gerade was ganz anderes ganz Wichtiges rein", dann sage ich: „Bitte mach das, das ist wirklich ganz wichtig, der Kunde wartet." Und dann gehe ich wieder weg. Und am nächsten Tag komme ich wieder, und sage: „Ciao, wie geht's? Hast du es schon gemacht?" – „Nein noch nicht, heute Nachmittag fange ich an!" – „Bitte tu' es, ich brauche es wirklich". Das mache ich dann drei, vier Mal. Damit gebe ich diesem Italiener unbe-

wusst das Signal: „Hm, jetzt ist er schon zum dritten Mal hier gewesen; ich glaube, das ist wirklich wichtig und er ändert seine Meinung nicht mehr, jetzt fange ich besser an ..."
Sie können das übersetzen mit „Management by walking around". Man muss einfach körperlich präsent sein, um zu zeigen, dass es wirklich dringend ist. Wenn ich nicht nachhake, dann kann er denken: „Entweder hat er die Meinung geändert, oder es war gar nicht so dringend". Das ist für ihn überhaupt nichts Böses und nichts Persönliches. Da haben wir wieder das Interkulturelle: dass wir oft den Fehler machen, vom Italiener zu denken: „Der ist nicht motiviert, schlecht organisiert, typisch italienisch!" Aber das stimmt natürlich überhaupt nicht.
Man kann unser Beispiel übrigens auch von der anderen Seite her betrachten. Stellen Sie sich einen italienischen Chef vor, der nach Österreich kommt und an einen Österreicher etwas delegiert. Der Chef taucht dann jeden Tag im Büro auf und hakt nach. Können Sie sich vorstellen, wie der Österreicher das wahrnimmt? Sehr demotivierend. Der denkt sich nämlich: „Warum kontrolliert er mich? Vertraut er mir nicht?" Und jedes Mal, wenn dieser Italiener zur Türe herein kommt, verliere ich zehn Minuten mit unwichtigem Small Talk. Ins Interkulturelle übersetzt heißt das: Der Italiener will was Gutes tun, den Österreicher motivieren, weiß aber nicht, dass er damit genau das Gegenteil auslöst. Der italienische Chef geht dann zurück nach Italien, und was erzählt er seinen italienischen Freunden? „Du, ich hab immer gehört, die Österreicher sind so effizient und so unglaublich produktiv und organisiert und diszipliniert – das stimmt alles gar nicht, denn jedes Mal, wenn ich etwas wegdelegiert habe, waren sie demotiviert ..." Und das verstehen wir genau unter „interkulturell": Ich löse bei jemand Anderem etwas aus, was genau das Gegenteil von dem be-

wirkt, was ich eigentlich wollte. Und weil ich mir dessen nicht bewusst bin, denke ich, der Andere ist schuld.

Kann man generalisierend sagen, dass es Angehörige von Nationen gibt, die flexibler oder weniger flexibel sind? Können Sie das irgendwie zuordnen?

WURZ: Ja, von der Erziehung her gibt es da schon Unterschiede. Es ist oft so, dass zum Beispiel gerade die deutsche Kultur sagt: „Das ist jetzt so entschieden, das wird jetzt nicht mehr geändert und jetzt ziehen wir es auch durch." Deshalb verbringen die Deutschen auch sehr viel Zeit vorher in der Diskussion. Das heißt, man ist in den Vorbesprechungen flexibel, aber nicht danach.
Deshalb kann man sagen, dass alle Kulturen flexibel sind, nur nicht zum selben Zeitpunkt. Und da liegt genau die Herausforderung, denn wenn man zu unterschiedlichen Zeitpunkten flexibel ist, dann kann es zu Missverständnissen und Zeitverlust kommen. Die Deutschen sind extrem flexibel, *bevor* eine Entscheidung fällt. Zu diesem Zeitpunkt darf jeder seine Meinung ändern und jeder kann sich stark einbringen, alle versuchen einen Kompromiss zu finden. Das ist für die Südländer eine Riesenüberraschung. Das ist unsere Flexibilität. Ist aber erst einmal die Entscheidung gefallen, dann ziehen wir das durch; das ist in Deutschland und zum Teil auch in den angelsächsischen Kulturen eher die Tendenz. Die südländischen Kulturen treffen viel schneller eine Entscheidung, sehr intuitiv und emotional, und dann legen sie los. In diesen Kulturen setzt die Flexibilität dann viel später ein. Sie können dann sagen: „Wir passen uns jetzt der Situation an". Sie haben oft richtig Spaß dabei, diese Flexibilität auch später anzuwenden. Gerade bei Rückholaktionen sind die Südländer Weltmeister, das lieben sie. Und das ist genau der Punkt, wo wir dann

schimpfen: „Moment mal, wir hatten doch das und das vereinbart – und die machen jetzt ganz was anderes". Und dann sagen wir: „Hey, zurück zur Ordnung! Bitte Regeln befolgen!" Das ist eigentlich schade, weil die Italiener und die Spanier und die Franzosen vielleicht eine noch bessere Lösung finden und sich anpassen. Diese Mentalitätsunterschiede sind ein häufiger Grund für Missverständnisse.

Und wie ist das mit den asiatischen Völkern?

WURZ: Mit Asiaten dauern Verhandlungsrunden oft extrem lang. Das sind, glaube ich, die längsten der Welt, wo wir hier, in der westlichen Welt, oft verzweifeln. Da sind die Beziehungsebene und das Netzwerk ganz besonders wichtig – die Chinesen nennen dieses Netzwerk der Vertrauten das *guanxi*. Ohne das *guanxi* machen die Chinesen keine Geschäfte mit Ihnen. Bei den Chinesen kommt das sicher aus der Philosophie von Konfuzius. Bei uns heißt es: Wenn etwas heute schwarz ist, dann ist es morgen auch schwarz. Da sind die asiatischen Kulturen viel flexibler, weil sie von ihrer Grundphilosophie und auch von der Religion her davon ausgehen, dass alles ständig im Fluss ist. Weil sie nicht linear denken, sondern in Kreisen. Es gilt das Yin Yang-Prinzip, Schwarz und Weiß ergänzen sich zu einem Kreis; den Tag gibt es nicht ohne die Nacht, den Regen nicht ohne die Sonne. Alles hängt irgendwie zusammen. Für geschäftliche Verhandlungen kann das heißen: was heute schwarz ist, kann morgen weiß sein und übermorgen grau. Alles ändert sich, alles ist im Fluss. Von diesem Gedankengebäude ausgehend sind die Asiaten, denke ich, von ihrer Grundmentalität und von ihrer Erziehung her eine ganze Ecke flexibler als wir hier in Westeuropa.

Wir könnten das Gespräch jetzt eigentlich abschließen. Deshalb meine Frage: Was würden Sie mir gerne noch zu diesem Thema sagen?

WURZ: Ein ganz wichtiges Thema, das wir noch nicht angesprochen haben, sind natürlich die persönlichen Verhaltensweisen. Also das liegt mir schon am Herzen, dass das auch noch zur Sprache kommt. Ich habe es schon angesprochen: die Landeskultur ist wichtig, man muss die Werte kennen, man muss wissen, woher der Andere kommt, warum er sich anders verhält. Das zweite habe ich auch kurz angesprochen, die Unternehmenskultur: Ist die Firma typisch österreichisch oder nicht? Aber das allerwichtigste ist die Persönlichkeitsstruktur. Es gibt nicht „den" Österreicher, „den" Franzosen oder „den" Chinesen. Ich kenne viele Österreicher, die sind „typisch" österreichisch. Aber ich kenne ebenso viele Österreicher, die sind italienischer als alle Italiener, die ich kenne. Was ich damit sagen will: Jeder Mensch ist einzigartig, es gibt kein Schwarz und Weiß im Interkulturellen. Allein schon zwischen zwei Österreichern, einem extrovertierten und einem introvertierten, haben Sie wahrscheinlich auch schon eine interkulturelle Herausforderung. Deshalb haben wir bei Berlitz einen holistischen, ganzheitlichen Ansatz: Landeskultur, Unternehmenskultur, Persönlichkeitsstruktur. Denn man kann und darf Menschen nicht in eine Schublade stecken.

Interview: Oswald M. Klotz

Foto: Panopa Logistik GmbH

Bernhard Kuntze
Heinz-Gerd Sprenger

Panopa Logistik GmbH:

„Voneinander lernen, und zwar in der Praxis"

Die Panopa Logistik GmbH ist ein international operierendes Unternehmen mit Hauptsitz in Duisburg und Standorten in Deutschland, England, Frankreich, Litauen, Polen, Portugal und Spanien. Als Logistikdienstleister bietet Panopa ein umfassendes Spektrum an innovativen, maßgeschneiderten und ganzheitlichen Logistiklösungen, von klassischen Speditionsaufgaben über Lagerbewirtschaftung, Anarbeitung, Vormontage und Ersatzteillogistik bis hin zur Just-in-sequence-Belieferung von Montage- und Produktionslinien. Die Aktivitäten des Unternehmens stehen unter einer Leitlinie: Der Kunde konzentriert sich auf sein Kerngeschäft, Panopa übernimmt die Logistik. Diese Aufgabenteilung setzt sich durch und führt für beide Partner zu messbarem Erfolg. Heinz-Gerd Sprenger, Vorsitzender der Geschäftsführung, und Bernhard Kuntze, Leiter des Personalwesens, verraten hier ihr Erfolgsgeheimnis und berichten über interkulturelle Herausforderungen bei ihren Aktivitäten im Ausland.

Die Panopa Logistik GmbH ist mit rund 1.400 Mitarbeitern in ganz Europa tätig. Da kommen Sie doch auch ständig mit anderen Kulturen in Kontakt?

SPRENGER: Die Panopa Logistik GmbH ist eines von vier Logistikunternehmen, die mit ihren Tochtergesellschaften der Imperial Logistics International GmbH angeschlossen sind. Imperial Logistics International ist wiederum eine hundertprozentige Tochter der südafrikanischen Imperial Holdings Limited. Beide Unternehmen sind weltweit tätig und pflegen ein globales Kontaktnetzwerk. Als Geschäftsführer von Panopa Logistik GmbH bin ich zugleich Mitglied der Geschäftsführung von Imperial Logistics International. Und da habe ich natürlich viel Austausch mit Kollegen aus anderen Ländern.
Zu unserer Unternehmenskultur gehört, dass wir gern ausländische Mitarbeiter einstellen. Wir haben so die Chance, von unseren eigenen Mitarbeitern viel zu lernen. Bevor ich dann zum Beispiel nach Polen oder Spanien fahre, frage ich bei Mitarbeitern nach, worauf bei den kulturellen Umgangsformen zu achten ist. Aber wir machen nicht nur unsere Führungskräfte, sondern auch alle Mitarbeiter im Umgang mit anderen Kulturen vertraut. Wenn es erforderlich ist, bieten wir im Einzelfall sogar Sprach- und Kulturschulungen an.
Manchmal sind es ganz einfache Dinge, über die man stolpern kann. Bei einer internen Einladung habe ich zum Beispiel eine chinesische Mitarbeiterin gefragt, wie ihr das Gericht, welches eine spanische Kollegin zubereitet hatte, geschmeckt hat. Es gab Gazpacho. Sie sagte: „Die Suppe war sehr, sehr lecker, aber leider schon kalt." Für uns steht fest: Wir wollen, dass auch Menschen anderer Nationalitäten bei uns arbeiten. Denn wir wollen voneinander lernen, und zwar in der Praxis.

KUNTZE: Bei uns gibt es verschiedene Modelle, die dieses Vorhaben unterstützen. Wir pflegen zum Beispiel Job-Rotation oder senden Nachwuchsführungskräfte zu Schwestergesellschaften. Ich selbst habe Entsendungen nach Australien und Südafrika organisiert. Nach ihrer Rückkehr konnten die Mitarbeiter dann einbringen, was sie vor Ort gelernt hatten. Die Resonanz auf diese Entsendungen war sehr positiv. Heute leitet einer dieser Mitarbeiter übrigens einen unserer größten Standorte.

SPRENGER: Wenn wir ein Bewerbungsgespräch führen, ist eine der wichtigsten Fragen deshalb, ob der Bewerber flexibel und mobil ist.

Wenn Sie an Ihren intensiven Austausch mit den Kollegen denken, die aus anderen Ländern zu Ihnen gekommen sind: Welche kulturellen Unterschiede fallen Ihnen da spontan ein?

SPRENGER: Manchmal ist zum Beispiel die Genauigkeit der Deutschen nicht für alle gleichermaßen selbstverständlich. Vielleicht übertreiben wir ab und zu. Aber durch das Unternehmensgefüge sind wir darauf angewiesen, uns an bestimmte Standards zu halten. Also müssen wir Menschen anderer Kulturkreise manchmal nahe bringen, warum wir bestimmte Zahlen in einer bestimmten Form zu einem bestimmten Zeitpunkt haben wollen. Doch auch wir lernen von der Arbeitsweise anderer Kulturen.

Wie werden die interkulturell gesammelten Erfahrungen im Konzern eigentlich weitergegeben? Ist das eher situationsabhängig oder gibt es bei Ihnen dafür fest etablierte Instrumente?

KUNTZE: Grundsätzlich gibt es bei uns einen sehr regen und offenen Informationsaustausch, der aber nicht standardisiert ist. Wir profitieren hier von unserer flachen Hierarchie. Bei Entsendungen haben wir immer eine Phase der intensiven Vorbereitung. Dazu gehören die Vorbereitung auf die Funktion, die eingenommen werden soll, eine persönliche Vorbereitung auf das Land und die Kultur sowie eine Vorstellung der Ansprechpartner vor Ort. Wir führen auch immer eine Vorab-Reise ins Land durch, möglichst mit der Familie. Denn es ist wichtig, dass sich der Mitarbeiter mit dem Land, in dem er leben soll, vertraut machen kann. Er muss wissen, worauf er sich einlässt. Ein Mitarbeiter, der mit den Gegebenheiten vor Ort unglücklich ist und schon nach kurzer Zeit wieder nach Hause will, nützt allen Beteiligten nichts.

SPRENGER: Der Umfang der Vorbereitung richtet sich vor allem nach den Anforderungen im Einzelfall. Wichtig ist, dass der Mitarbeiter und seine Familie sich wohl fühlen. Wenn jemand aus der Duisburger Verwaltung nach Polen geht, dann gibt es dafür kein standardisiertes Vorgehen, sondern eine individuelle Anpassung an die jeweilige Situation.

Wenn man so einen Werdegang sieht, dann motiviert das bestimmt auch die anderen Mitarbeiter. Welche konkreten Maßnahmen werden denn in Ihrem Unternehmen getroffen, um Ihre Mitarbeiter zu motivieren? Ist die Personalpolitik der Mutterfirma zentral oder eher dezentral organisiert? Steht es Panopa frei, individuelle personalpolitische Maßnahmen zu setzen?

SPRENGER: Auch wenn wir zur Imperial Logistics International gehören: Wir sind dezentral aufgestellt. Gerade wenn es schnell gehen soll, kann das von großem Vorteil sein. Zum Beispiel, wenn jemand schon nächste Woche in Spanien sein muss und dringend eine Wohnung braucht. In solchen Fällen stützen wir uns auf unsere Partner im Ausland. Das sind zum Beispiel Kollegen aus dem Transportbereich, die nicht direkt mit uns konkurrieren. Teilweise bilden wir auch Bürogemeinschaften und gehen gesellschaftliche Verflechtungen ein. Nicht immer braucht man Doppel- oder Dreifachbesetzungen im Ausland. Es kommt letztendlich auf den konkreten Fall an: Entweder haben wir eine eigene Niederlassung oder wir nutzen bestehende Synergien mit unseren Partnern vor Ort. Aber um auf das Thema zurück zu kommen: Natürlich sollen unsere Mitarbeiter motiviert sein.

KUNTZE: Qualität ist unser oberstes Ziel. Leistungen werden bei uns honoriert. So haben wir zum Beispiel den Zusammenhang zwischen Motivation und Abwesenheit erkannt und dazu ein Konzept entwickelt. Unser Weihnachtsgeld ist jetzt an die Anwesenheit gekoppelt; dieses Modell wurde übrigens gemeinsam mit dem Betriebsrat entwickelt. Uns liegt viel daran, die dauerhaft Anwesenden zu unterstützen und ihr Engagement zu honorieren. Das erfolgt durch Geld und durch bezahlte Freizeit, denn Freizeit ist für alle wertvoll. Dieses System funktioniert sehr gut. So haben wir unsere Krankenquote um 40 Prozent senken können. Auch ein in der gesamten Panopa erzieltes Jahresergebnis wurde dieses Jahr honoriert: Jeder Mitarbeiter, jede Mitarbeiterin erhielt einen Tag Sonderurlaub.

SPRENGER: Neben den individuellen Motivationsformen ist bei uns Mannschaftsdenken wichtig. Denn es macht einfach Spaß, gemeinsam an einem Ziel zu arbeiten und es dann zu erreichen. So etwas feiern wir auch. Es gibt bei uns regelmäßig Betriebsfeste, Weihnachtsfeiern und gemeinsame Veranstaltungen. Die Betriebsfeste finden jedes Jahr an einem anderen Standort statt, und wir haben immer eine große Teilnehmerzahl. Da ergeben sich oft sehr interessante Gespräche.

Führen Sie eigentlich regelmäßig Mitarbeiter- und Kundenbefragungen durch? Wenn ja – sind diese Zufriedenheitsmessungen konzernweit üblich?

SPRENGER: Wir führen regelmäßig, alle drei Jahre, eine Mitarbeiterbefragung durch. Die Fragebögen werden dann auf Deutsch, Englisch, Französisch und Polnisch zur Verfügung gestellt. Die Rücklaufquote liegt zwischen 55 und 70 Prozent, was sehr gut ist. Auch Kundenbefragungen werden bei uns regelmäßig durchgeführt.

Sie haben vorhin den Zusammenhang zwischen Innovation und Mitarbeiterzufriedenheit angesprochen. Um die laufende Verbesserung der Prozesse zu ermöglichen, wird auf Ihrer Homepage unter anderem ein kundenorientiertes Qualitätsmanagement-System (QMS) erwähnt. Zwei elementare Bestandteile des QMS sind die Steigerung der Kunden- und der Mitarbeiterzufriedenheit. Worin besteht nun der Zusammenhang zwischen Kunden- und Mitarbeiterzufriedenheit bei Panopa?

SPRENGER: Ohne Kunden keine Panopa, ohne Mitarbeiter keine Panopa. Für mich ist dieser Zusammenhang ganz eng. Wir leben das vor. Bei Panopa gibt es eine sehr offene Informationspolitik – auch gegenüber dem Betriebsrat. Wir haben damit nur gute Erfahrungen gemacht. Wenn ich zum Beispiel in einem Jahr keine Gehaltserhöhungen geben kann, wird erklärt, warum das so ist. An dieser Stelle zeigt sich sehr deutlich der Zusammenhang zwischen Kunden- und Mitarbeiterzufriedenheit.

KUNTZE: Aufgrund unserer Dienstleistungsverträge sind wir räumlich nah beim Kunden. Wir bekommen normalerweise immer ein Feedback, wenn etwas gut oder schlecht gelaufen ist. Und das wird auch an die Kollegen weiter gegeben. Der Mitarbeiter ist ein wichtiges Zahnrad im gesamten Getriebe. Damit das funktioniert, verfolgen wir, wie Herr Sprenger schon sagte, eine sehr offene Kommunikationspolitik. Wir informieren alle Mitarbeiter jedes Jahr in einem Neujahrsbrief über zurückliegende und zukünftige Projekte sowie Erfolgsrealisierungen.

Die Basis unseres Erfolges sind unsere Mitarbeiter, sagen Sie. Beim Thema Wertschätzung gegenüber den Mitarbeitern spielen Führungskräfte eine besondere Rolle. Sehen Sie das auch so? Gibt es in Bezug auf Mitarbeiterorientierung etwas, das Sie anders oder besser machen als andere Unternehmen?

KUNTZE: Richtig, das Verhalten der Führungskräfte spielt für die Motivation der Mitarbeiter eine entscheidende Rolle. Wir schulen unsere Führungskräfte deshalb in diesem Bereich. In der Panopa-Zentrale bieten wir sowohl Verkaufsschulungen als auch Schulungen zum Thema Konfliktmanagement an. Die Teilnehmer werden jeweils von ihren Bereichsleitern vorgeschlagen. Auch hier gilt: Wir haben kein standardisiertes Konzept, sondern gehen problem- und bedarfsorientiert vor. Die Nachfrage nach einer Konfliktmanagement-Schulung kam beispielsweise aus den Reihen unserer Mitarbeiter und war übrigens ein Ergebnis der letzten Mitarbeiterbefragung.

SPRENGER: Natürlich fördern wir den Führungskräftenachwuchs darüber hinaus strategisch. Herr Kuntze erstellt dazu eine Potenzialanalyse und hat die „High-Potentials" im Blick. Diese Liste ist dynamisch und ändert sich ständig. Je nach Bedarf arbeiten wir dann auch mit externen Beratern zusammen.

Inwieweit sind Sie hier in Duisburg für Personalfragen an anderen Standorten zuständig? Werden Stellen von Deutschland aus oder dezentral vor Ort besetzt?

SPRENGER: Über die Personalauswahl der Führungskräfte im Ausland wird in Deutschland entschieden. Wir besetzen die Stellen nach Qualifikation. Das heißt, bei uns ist die erste Führungsebene unabhängig von der Nationalität. Unterhalb der ersten Führungsebene werden die Stellen in der Regel national besetzt.

Wenn Sie die Stellen international besetzen, in welchen Sprachen kommunizieren Sie denn bei Panopa?

KUNTZE: Im Wesentlichen erfolgt die Kommunikation auf Englisch und auf Deutsch. Unsere entsandten Mitarbeiter beherrschen meistens auch die Landessprache, um mit allen Mitarbeitern vor Ort kommunizieren zu können.

SPRENGER: Bei der Integration neuer Unternehmen in die Panopa-Gruppe läuft das etwas anders. Wenn wir ein Unternehmen im Ausland kaufen, vertrauen wir auf die Erfahrungen des bisherigen Managements und belassen die erste Führungsebene meist in ihrer Position. Die zweite Führungsebene wird dann durch jemanden unterstützt, der von Panopa kommt. Wer dafür geeignet ist, ergibt sich unter anderem aus der zuvor angesprochenen Potenzialanalyse.

Welche Länder betrachten Sie als Zukunftsmärkte für Panopa? Wie wollen Sie mit den interkulturellen Herausforderungen umgehen, die dadurch auf Sie zu kommen?

SPRENGER: Mit unseren Logistiklösungen sind wir technisch orientiert. Europa war und ist für uns daher ein sehr wichtiger Markt. In Osteuropa denke ich insbesondere an die neuen EU-Mitgliedsstaaten. Im Grunde folgen wir unseren Kunden aus der Stahl- und Automobilindustrie sowie den Maschinen- und Anlagenbauern. Es gibt bei unseren Kunden ganz klar den Trend nach Osten, um Personal- und Infrastrukturkosten zu sparen.

Bei der Eroberung neuer Märkte profitieren wir von der Verbindung zur Imperial Logistics International GmbH. Sie übernimmt in der Regel übergreifende Service-Funktionen wie Finanzen, Steuern, Recht und Controlling. Und dann gibt es noch die Zusammenarbeit mit den Schwestergesellschaften. Hier können wir Synergien von Australien bis Brasilien nutzen und unseren Kunden so – über alle Kontinente hinweg – eine nahtlose Logistikkette anbieten. Das funktioniert natürlich auch in umgekehrter Richtung.
Über China haben wir nachgedacht – so wie alle. Dort sind wir beratend tätig, der Rest ist im Augenblick noch zu riskant. Die Investitionskosten wären hoch, wir würden vielleicht Umsatz machen, aber noch keinen Gewinn. Doch wenn ein Kunde es wünscht, wären wir natürlich auch dort vor Ort. Bei Indien sieht das ein wenig anders aus. Wenn Kunden, wie Arcelor, sich dort stärker engagieren, werden wir ihnen folgen. Das hängt mit unserem Geschäft zusammen, mit allem, was zur Kontraktlogistik gehört. In den USA sind wir übrigens auch vertreten, allerdings nur im Bereich Beratung.

Zum Abschluss: Was ist für Sie persönlich beim Thema „Mitarbeiterzufriedenheit im interkulturellen Umfeld" das Wichtigste?

SPRENGER: Mir ist besonders wichtig, dass sich unsere Zentrale bemüht, Interkulturelles zu fördern, indem wir Menschen aus anderen Nationen aufnehmen. Wir sind extrem lernbegierig. Das ist die Grundlage für unseren Erfolg – gerade auch im Ausland.

Interview: Maria Sundermann

Foto: Lenze AG

Dr. Jürgen Jendryschik

Lenze AG:

„Wichtig ist, dass man authentisch bleibt"

Die Lenze AG bietet Produkte, Lösungen, Systeme und Dienstleistungen für mechanische und elektronische Antriebe an, beschäftigt ca. 3.000 Mitarbeiter. Rund 200 davon sind in Forschung und Entwicklung tätig. Das Produktspektrum umfasst Frequenzumrichter, Servo-Antriebe, Getriebemotoren, Motoren, Kupplungen und Bremsen. Automatisierungslösungen einschließlich der Software, Visualisierung und Steuerung, Anlagenbau, Verbindungstechnik und weitere Serviceleistungen gehören ebenfalls zum Angebot. Abgerundet wird es durch ein globales Servicenetzwerk. Die Zentrale des Unternehmens ist bei Hameln in Deutschland. Die größten Standorte befinden sich in Aerzen und Extertal (Deutschland), Asten (Österreich), Shanghai (China) sowie Uxbridge (USA). Dr. Jürgen Jendryschik, Executive Vice President Strategic Markets, und Olaf Zander, verantwortlich für Personalentwicklung in der Lenze-Gruppe, geben einen Überblick über Interkulturalität in ihrem Unternehmen.

Die Lenze AG beschäftigt weltweit mehr als 3.000 Mitarbeiter. Der Leitsatz „Die Welt ist unser Markt" spricht für sich. Inwieweit erfordert Ihr Verantwortungsbereich Kontakte mit anderen Kulturen?

JENDRYSCHIK: Als Executive Vice President Strategic Markets habe ich natürlich Kontakte zu allen Standorten der Lenze AG. Ich habe Mitarbeiter eingestellt in den USA, also Nordamerika, in China, Korea, Taiwan, Malaysia und seit etwa sechs Monaten auch in Indien. Um Ihnen ein Beispiel zu geben: In China, Österreich und England gab es zunächst einen deutschen Manager, bevor in England dann ein Kollege aus Großbritannien den Posten übernahm. Wenn wir uns an den Standorten gut etabliert haben, greift bei uns das Prinzip der Landeskinder, das heißt, dass wir dann die Managementpositionen mit lokalen Führungskräften besetzen. Das ist insbesondere in Hinblick auf die Sprache, das Kulturverständnis und im Umgang mit Normen und Werten von Vorteil, weil diese Menschen auf Grund ihrer Herkunft von vornherein eine größere Nähe zu den Mitarbeitern mitbringen. Wenn dann Menschen vor Ort Probleme mit uns haben, weil „die Deutschen immer so pingelig sind", dann ist ein lokaler Manager besser in der Lage, hier eine Brücke zu bauen. Andererseits muss man auch sagen, dass es wichtig ist, dass man authentisch bleibt. Wenn also ein Deutscher in China wie ein Chinese auftritt, dann wirkt das unglaubwürdig. Wichtig ist also, zu schauen, wo Diskrepanzen am leichtesten zu überbrücken sind.

Sie haben gerade Normen und Werte erwähnt. Spielt das im internationalen Umgang überhaupt eine Rolle?

JENDRYSCHIK: Die Werte der Lenze AG, die ja als Familienbetrieb begonnen hat, sind uns natürlich sehr wichtig. Dabei ist es weniger entscheidend, wie und wo genau die

Grundsätze festgehalten sind. Viel wichtiger ist, dass sie gelebt werden. Und das sind im wesentlichen die Menschen: Sie leben und stehen für das, was uns wichtig ist.

ZANDER: Ich bin noch nicht lange, also weniger als zwei Jahre, im Unternehmen. Aber ich kann bestätigen, was Herr Dr. Jendryschik sagt: Das Unternehmensleitbild wird nur durch Menschen transportiert. Um hier den interkulturellen Austausch zu fördern, bin ich zur Zeit dabei, eine Sommerakademie einzurichten. Dies wird mit internationaler Beteiligung erfolgen und ist ein erster Schritt, um bei Lenze in Richtung internationale Personalentwicklung zu gehen. Man muss bedenken, dass etwa zwei Drittel unserer Mitarbeiter in Deutschland arbeiten und ein Drittel weltweit, darunter sind auch viele kleinere Standorte. Aufgrund der strukturellen Situation ist es da nicht ganz einfach, ein internationales Programm zu schmieden. Gerade an den kleinen Standorten gehören die Mitarbeiter zu einer Art Job-Familie, da ist es nicht so leicht, jemanden für einige Zeit herauszuziehen. Das ist dann eine Frage der Verhältnismäßigkeit. Es hat ja auch wenig Sinn, wenn ich dann bei einer Veranstaltung nur einen internationalen Teilnehmer habe, und der Rest sind alles Deutsche.

Wo finden denn bei Lenze interkulturelle Kontakte im alltäglichen Geschäftsleben am häufigsten statt? Spielt sich das primär unter den Führungskräften ab oder auch in anderen Zusammenhängen?

JENDRYSCHIK: Die Schnittstellen zwischen dem Stammhaus und unseren 40 Niederlassungen sind immer auch interkulturell. Da spielt der Kontakt zu und mit den Führungskräften eine bedeutende Rolle. Das hängt aber auch vom Reifegrad einer Gesellschaft ab. Reife Gesellschaften sind anerkannt und haben häufig auch Kontakt auf operativer Ebene. Zum Beispiel kommt es vor, dass eine Landesgesellschaft im Kundenkontakt noch nicht über das entsprechende Know-how verfügt, was sie dem Kunden jetzt anbieten kann und woanders nachfragt. Oder es kommt durchaus auch vor, dass internationale Kunden hier nach Aerzen kommen, um sich etwas anzusehen oder sich schulen zu lassen. Wir kümmern uns dann sehr um den Kunden, um ihm damit auch ein Stück Wertschätzung zu vermitteln. Wir möchten dabei auch zeigen, dass Lenze sehr viel Kompetenz besitzt, und das soll auch so herüberkommen. Allerdings gibt es auch da kulturelle Unterschiede. Wenn ein US-Amerikaner hierher kommt, findet er alles adäquat, wenn ein Inder uns besucht, hält er möglicherweise einiges für überzogen. Das Wertvollste, was wir unseren Besuchern bieten, ist aber nicht das Gebäude, sondern unsere Zeit. Wenn ich im Ausland einen Kunden besuche, ist es eine Selbstverständlichkeit und wird nicht als besondere Wertschätzung gewertet, wenn ich den Kunden zum Essen einlade. Wenn das aber hier passiert, wo alle Familie haben und zuhause sind, dann finden die das ganz toll.

Wenn Kontakte auf internationaler Ebene erfolgen, gibt es da zuvor eine spezielle Vorbereitung für Ihre Mitarbeiter? Und wie halten Sie es bei Auslandseinsätzen?

JENDRYSCHIK: Was uns wichtig ist, wird selbstverständlich vorher vermittelt. Ich denke da erstens an die Landeskinder. Die sollen ein Gefühl dafür bekommen, wie wir hier arbeiten und mit wem sie es zu tun haben. Die kommen dann hierher und lernen unsere Mitarbeiter persönlich kennen. Zweitens gibt es da die Menschen, die ein Kundenprojekt vor Ort unterstützen. Da gibt es keine vorbereiteten Trainings, das ist dann eher ein „learning by doing“. Wenn das jemand ist, der das zum ersten Mal macht, kann es manchmal auch zu Problemen kommen, die dann eben gelöst werden müssen. Drittens gibt es die längerfristigen Entsendungen. In diesen Fällen bieten wir auch interkulturelle Trainings oder Sprachauffrischungen an. Vielleicht zum Verständnis: Wir sprechen bei Lenze von Entsendungen, wenn jemand länger als ein Jahr ins Ausland geht. Das ist schon aus rein steuerlichen Gründen eine sinnvolle Unterscheidung. Jemanden für weniger als ein Jahr ins Ausland zu schicken, hat aus meiner Sicht nicht so viel Sinn. Da sind die Kosten für Dienstreisen sehr hoch, und viele bleiben dann vor Ort immer ein Fremdkörper, was wiederum eine extreme Belastung für denjenigen oder diejenige bedeutet. Daher ist es bei uns üblich, dass die Menschen für zwei bis drei Jahre entsendet werden. Bei der Vorbereitung geben wir uns sehr viel Mühe und schauen individuell und vor den handlungsleitenden Interessen, ob der Mitarbeiter diese Aufgabe erfüllen kann und auch will. Da schauen wir dann sehr genau hin: Wie ist eigentlich die Motivation? Will jemand die Aufgabe gern machen, oder geht es mehr darum, mal in die USA oder nach China zu kommen? Wäre das der Fall, dann ist der Job nach sechs Monaten nicht mehr interessant, und der Mitarbeiter wird unglücklich. Wir gehen daher bei Entsendungen sehr strukturiert und systematisch vor. Es gibt interne Ausschreibungen, auf die sich die Firmenangehörigen bewerben können, und dann werden strukturierte Interviews geführt. Da bekommt man sehr schnell heraus, ob jemand von Abenteuerlust oder von einer Fluchtbewegung geleitet ist, oder sagt: „Ja, ich möchte den Job machen, welche Hilfestellungen bekomme ich dazu von Euch?“

Stichwort Motivation: Welche Maßnahmen treffen Sie, um Ihre Mitarbeiter zu motivieren? Und: Ist die Personalpolitik der Lenze AG eher zentral oder dezentral organisiert?

ZANDER: Ich gehe grundsätzlich davon aus, dass Mitarbeiter eigenmotiviert sind. Ich halte nichts davon, zu einer Führungskraft zu sagen: So, Herr Soundso, nun motivieren Sie mal Ihre Mitarbeiter. Aus meiner Sicht ist die Aufgabe der Führungskräfte und des Personalwesens primär die, den Rahmen zu schaffen, damit Motivation aufrecht erhalten werden kann. Hier geht es also insbesondere um die Frage, welche Rahmenbedingungen vorhanden sind, und darum, dass die Hygienefaktoren stimmen. Die Aufgabe soll Spaß machen, und der Mitarbeiter soll an ihr wachsen können.

JENDRYSCHIK: Um auch auf den zweiten Teil Ihrer Frage zu antworten: Die Top-Positionen werden in allen Ländern von hier aus besetzt. Die Entscheidung über die Besetzung der Ebenen darunter liegt dann bei dem jeweiligen Landeschef.

ZANDER: Wenn wir Einstellungsgespräche mit Top-Managern führen, dann muss man wissen, dass man nicht von „der Kultur" eines Landes sprechen kann. Je nach Aufgabe und Land gibt es unterschiedliche Mikrokulturen. Natürlich hat die Führungskraft vor Ort einen massiven Einfluss auf die Gestaltung, denn die Rahmenbedingungen werden vor Ort gelebt. Das ist wie beim Autofahren: Es gibt Regeln, an die man sich hält, aber dennoch fahren nicht alle Menschen gleich. Wenn vier Personen zeitgleich auf eine Kreuzung zu fahren, dann muss jede individuell reagieren. Gleiches gilt auch für uns: Wenn wir vor Ort ein Problem sehen, dann beobachten wir genau, was da los ist, und lösen das Problem. Wir bekommen so recht gut mit, wie eine Niederlassung tickt. Für uns ist der direkte Kontakt entscheidend. Kennzahlen spielen dabei weniger eine Rolle. Wenn ich beispielsweise nach Shanghai fahre, dann sitze ich nach der Messe mit den Mitarbeitern zusammen und bekomme so ganz genau mit, wie die Stimmung gerade ist.

Um als Zentrale direkt am Puls des Geschehens zu bleiben, ist es natürlich wichtig, die Stimmung in den Niederlassungen zu kennen. Wie erfahren Sie, wie zufrieden Ihre Mitarbeiter sind? Gibt es da strukturierte Instrumente?

JENDRYSCHIK: Innerhalb der Landesgesellschaften gibt es strukturierte Instrumente, wie etwa Assessments oder Mitarbeitergespräche. Aber ich kann die Methodik nicht genau beurteilen. Da heißt es dann unter Umständen: Das wird in China so gemacht. Einige Kunden, wie zum Beispiel Ford, legen daher viel Wert auf Zertifizierungen. Das machen wir dann gerne, und es ist auch interessant, aber ich weiß nicht, ob der Nutzen wirklich so groß ist. Tatsache ist, dass es bei der Zusammenarbeit mit dem Kunden immer mehr vereinheitlichte Prozesse gibt. Ein Beispiel ist Toyota. Soweit sind wir bei Lenze noch nicht. Das liegt auch daran, dass wir nicht überall die gleichen Produkte herstellen. Das verbindende Element sind die Produkte und Prozesse. Wir fragen uns immer wieder: Wie weit wollen wir eine Vereinheitlichung der Prozesse, und ab wann ist eine nationale Anpassung sinnvoll. Daher gibt es bei uns eben dieses Prinzip der Landeskinder. Eine lokale Führungskraft hat ein besseres Gespür dafür, wie die Geschäfte vor Ort entwickelt werden können. In Asien hat ein Ausländer zwar eine gewisse Exotik, aber auf lange Sicht hat der Chinese dann doch das Gefühl, dass der Ausländer ihn nicht richtig versteht. Irgendwann ist immer Schluss, selbst wenn der Europäer Chinesisch spricht. Ab einem gewissen Entwicklungsgrad einer Gesellschaft ist deshalb eine lokale Führungskraft die beste Besetzung im Management. Das hängt natürlich auch vom Land und von der Kundenstruktur ab. Wenn beispielsweise eine Top-Führungskraft in Indien gesucht wird, dann ist das nicht so weit weg von uns, da Indien ebenfalls sehr mittelständisch geprägt ist. Dennoch ist die Führung einer

Landesgesellschaft immer eine große Aufgabe. Wir fragen uns dann: Kann der oder die das? Können wir dieser Person vertrauen? Bei lokalen Besetzungen unterstützen uns Headhunter aus dem jeweiligen Land. Fest steht: Es gibt, anders als bei Produkten und Prozessen, keine einheitliche Kultur. Kultur wird von Menschen geprägt und von Menschen gelebt, so, wie sie miteinander umgehen. Für mich persönlich ist daher die genaue Beobachtung das Entscheidende: Wenn ich mit Vertriebsleuten in Taiwan zum Kunden fahre, dann weiß ich nach der Fahrt auch, wie es dem Vertriebsmitarbeiter geht. Mitarbeiterbefragungen im großen Stil machen wir noch nicht so strukturiert, wie das möglich wäre. Es wäre zum Beispiel interessant zu schauen, ob Fluktuation gottgegeben ist, oder ob sie nicht viel mehr von der beruflichen Entwicklung des Einzelnen abhängt. In den USA und in China wird die berufliche Entwicklung ja sehr hoch angesetzt.

Sie haben den Unterschied angesprochen: In der Arbeit mit Kunden geht die Tendenz zu einheitlichen Prozessen, kulturelle Unterschiede bei den Mitarbeitern wird es immer geben. Gibt es aus ihrer Sicht einen Zusammenhang zwischen Kunden- und Mitarbeiterzufriedenheit?

JENDRYSCHIK: Unmotivierte Mitarbeiter sind nicht erfolgreich. Ob Motivation intrinsisch ist oder gehaltsorientiert, kann ich nicht beantworten. Es gibt auch Mitarbeiter, denen der Umgang mit unseren Produkten einfach Spaß macht. Dass es einen positiven Zusammenhang zwischen Mitarbeiter- und Kundenzufriedenheit gibt, würde ich schon sagen. Wenn eine Mannschaft gut geführt ist und weiß, was der Kunde will, dann auf jeden Fall. Dabei spielt auch der Reifegrad der Gesellschaft eine Rolle. Wenn ein Kunde ein Produkt kauft, und ein Problem auftritt, dann ist die Motivation vor Ort höher, wenn die Niederlassung das Problem selbst lösen kann und nicht erst woanders nachfragen muss. Man sieht das auch im Ganzen: Sobald eine Niederlassung ein eigenes Verkaufslager mit eigenen Materialien besitzt, dann gibt es einen riesigen Sprung in der Eigenmotivation. Allerdings muss der Standort dann auch lernen, für das Lager verantwortlich zu sein. Typischerweise machen wir bei der Entwicklung eines Standortes drei Phasen fest:

1. Man traut uns etwas zu, wir haben die Chancen, mit kapitalintensiven Produkten oder Materialien umzugehen.
2. Die Freiheit, selbst entscheiden zu können, welche Produkte dem Kunden angeboten werden sollen. In dieser Phase kommt es schon zu einem großen Motivationssprung und
3. wenn der Standort einen wesentlichen Beitrag zur Wertschöpfung selbst leistet, wie zum Beispiel die Konfektionierung der Elektronik auf Kundenauftrag selbst übernimmt. Das ist dann noch mal ein großer Schritt. Die Niederlassung empfindet dies als Wertschätzung und entwickelt ein ganz anderes Selbstbewusstsein und damit den Ehrgeiz, es richtig zu machen, so dass der Kunde zufrieden ist.

Wenn sich Standorte dynamisch entwickeln, wie gelingt es Ihnen, die Unternehmenswerte auch auf das Ausland zu übertragen? Wie passt das mit dem kulturell heterogenen Hintergrund der Niederlassungen zusammen?

Man muss dazu sagen, dass der Unternehmensgründer, der die Unternehmensphilosophie maßgeblich geprägt hat, nicht mehr lebt. Das heißt, dieser Einfluss ist höchstens indirekt spürbar. Da kommt noch das in Deutschland im Maschinenbau weit verbreitete Qualitätsbewusstsein zum Tragen. Ich selbst bin viel im Ausland unterwegs, in Süd- und Nordamerika, in Asien; ich bin nie irgendwelchen Vorbehalten begegnet. Natürlich gibt es auch Klischees und Vorurteile. Wir Deutsche gelten als qualitätsbewusst, akribisch genau, kompliziert, aber wenn wir was sagen, dann gilt das auch. Ich glaube, dass Lenze da nicht anders ist als andere Unternehmen. Bei Mercedes denkt man auch an Attribute wie solide, teuer, technisch okay, verlässlich.

Sie haben gerade davon gesprochen, wie die Deutschen im Ausland wahrgenommen werden. Welche kulturellen Unterschiede nehmen Sie persönlich wahr, wenn Sie unterwegs sind? Vielleicht können Sie mich gedanklich mit auf eine kurze Weltreise mitnehmen, bei der Sie die Länder steckbriefartig beschreiben?

JENDRYSCHIK: Ich fange mal mit Indien an, da war ich gerade neulich. Indien ist heterogen, es gibt Vollbeschäftigung, Indien ist ein Entwicklungsland mit enormen Einkommensunterschieden zwischen extrem reich und extrem arm, Indien ist wie ein Elefant, der langsam, aber sicher voran schreitet, keine Geschwindigkeit aufnimmt, aber unaufhaltsam im Kommen ist. China ist wie ein Drache für mich, der Feuer speit, sprunghaft ist; was heute wichtig ist, hat vielleicht morgen keine Bedeutung mehr, vielen geht es darum, schnell reich zu werden, soziale Errungenschaften bleiben da auf der Strecke. Nordamerika, also die USA und Kanada: Die Amerikaner sind überzeugt, dass sie eine riesige Wirtschaftsmacht sind. Die Einzigen, die sie fürchten, sind die Chinesen. Nordamerika ist ein riesiger Binnenmarkt. Die Amerikaner sind im Prinzip nicht auf Importe angewiesen. Sie importieren nur, um ihre eigenen Ressourcen zu schonen. Sie sind sich selbst genug und halten sich für unangreifbar. Es gibt niemanden, den sie fürchten müssen. Ein Bild fällt mir nicht ein, dafür ist Amerika zu vielfältig. Südamerika, Brasilien, Argentinien. Brasilien ist wie ein schwarzer Panther, der auf dem Sprung ist. Hier und da gibt es bereits tolle Leistungen, ein großer Markt, aber manchmal fällt Brasilien zurück in die Lässigkeit, ins Nichtstun. Es ist ein tolles Land, aber stark schwankend. Argentinier gelten manchmal als arrogant. Argentinien selbst ist stark europäisch geprägt durch die Vielzahl der Menschen mit deutschen oder italienischen Vorfahren. Es ist ein schönes Land, aber auch sehr labil. In der Gesellschaft gibt es wenige sehr reiche Familien. Chile wiederum hat eine sehr mittelständische Kultur. Es ist ebenfalls ein sehr schönes Land, sehr stabil, aber auch sehr klein. Volkswirtschaftlich gesehen ist Chile im Vergleich zu den großen Nachbarn eher unbedeutend. In Südafrika war ich selbst noch nicht. Das Land spielt in der Automobilzulieferindustrie aber schon eine Rolle.

Wenn wir schon die internationale Perspektive vor Augen haben: Welche Länder sehen Sie als die Zukunftsmärkte für die Lenze AG? Und welche interkulturellen Herausforderungen könnten dadurch auf Sie zu kommen? Nehmen wir zum Beispiel China, den boomenden Markt der Zukunft – eine Chance für Lenze?

JENDRYSCHIK: China und Indien sind natürlich große aufstrebende Volkswirtschaften und haben daher auch für Lenze eine große Bedeutung. Darüber hinaus wird Malaysia für uns sehr interessant, denn dort gibt es viele gut ausgebildete Menschen, und insgesamt leben dort ca. 600–700 Millionen Menschen. Das ist ein großes Potenzial. Die USA sind und bleiben wichtig, weil sie eine große Volkswirtschaft sind. Brasilien wird sicherlich irgendwann wieder interessant, aber nicht mehr in diesem Jahrzehnt. Und Japan wäre ein Topmarkt. Es ist ein riesiger Einzelmarkt, aber schwer erreichbar für uns. Wir Europäer verstehen nicht wirklich, wie Geschäfte dort gemacht werden. Der Markt dort wird dominiert von lokalen Anbietern mit absoluter Power, die immer mehr auch nach Europa drängen. Wenn wir dort wären, wären wir „in der Höhle des Löwen". Es ist schwer, dort richtig Fuß zu fassen und Erfolg zu haben. Insgesamt erwirtschaften wir zurzeit 80 Prozent unseres Umsatzes in Europa und 20 Prozent außerhalb. Dieses Verhältnis wird in den kommenden Jahren aufgrund des Wachstums etwa 60:40 betragen.

Herr Dr. Jendryschik, wir haben bereits viele sehr interessante Aspekte zum Thema Mitarbeiterzufriedenheit im interkulturellen Kontext bei der Lenze AG angesprochen. Gibt es noch etwas, was wir zu besprechen vergessen haben, das aber aus Ihrer Sicht wichtig wäre?

JENDRYSCHIK: Was ich positiv finde ist, dass sich unser Unternehmen sehr gewandelt hat. Vor wenigen Jahren waren wir ein Unternehmen aus dem Weser-Bergland mit regionalem Wirkungskreis. Heute ist das anders. Wir arbeiten mit Kunden weltweit zusammen. Und heute ist es völlig selbstverständlich, dass ein Sachbearbeiter oder ein Montagearbeiter ein Ticket kauft, um in einem anderen Land eine Schulung über Getriebemontage zu halten. Das ist aus meiner Sicht eine enorme Entwicklungsleistung, die unser Unternehmen in nur wenigen Jahren zustande gebracht hat.

Wie ist das möglich geworden? Gibt es eine Art Geheimrezept?

JENDRYSCHIK: Ausschlaggebend für diese Entwicklung waren und sind unsere Kunden. Sie haben uns auch ein Stück weit gezwungen, wenn sie sagen: „Wir verlagern unsere Produktion ins Land XY. Seid Ihr dabei?" Bei Lenze gibt es Menschen, die sehr früh die damit verbundenen Wachstumschancen erkannt und entsprechend investiert haben. Denn wenn ein Kunde seine Produktion nach Malaysia verlegt und wir dorthin die Maschinen für die Produktion liefern, dann fragt der Bediener der Maschine: „Und was ist, wenn meine Maschine in Malaysia kaputt geht? Wen ruf ich dann an?“ Insofern geht von der Automobilindustrie ein wichtiger Impuls für die Globalisierung aus. Da können wir als Zulieferer nicht nein sagen.

Können Sie kurz zusammenfassen, was für Sie persönlich das Wichtigste zum Thema „Mitarbeiterzufriedenheit im interkulturellen Kontext" ist?

JENDRYSCHIK: Wir gehen sehr pfleglich mit unseren Mitarbeitern um. Wir überlegen genau, welche Anforderungen gefragt sind. Danach richtet sich die Unterstützung und Vorbereitung der Kollegen aus, die mit internationalen Aufträgen zu tun haben. Wir geben Hilfe auch in schwierigen Situationen. Wir lassen unsere Mitarbeiter nicht alleine. Und das spricht sich herum. Ich persönlich hätte gern einen noch stärkeren Austausch und auch mehr Rotation, so dass es ebenso normal wird, dass ein Franzose nach Indien geht, ein Italiener nach Südafrika oder ein deutscher Mitarbeiter nach England. Dadurch kommt mehr Bewegung in die Strukturen. Heute ist es zum Teil noch so, dass die Landesorganisationen sehr abgeschottet sind. In Deutschland in der Zentrale selbst ist das natürlich anders. Wir haben deutlich mehr Kontakt zu den Landesorganisationen als die Landesorganisationen untereinander. Um den Austausch noch mehr zu fördern, ist unsere Lenze Academy ein guter Ansatz. Ziel wäre es, dass in Zukunft noch mehr Projekte mit den Landesgesellschaften gemeinsam und partnerschaftlich durchgeführt werden.

Interview: Maria Sundermann

Foto: Deutsche Lufthansa AG

Monika Rühl

Deutsche Lufthansa AG:

„Respekt und Wertschätzung sind kein Selbstzweck"

Die Deutsche Lufthansa AG zählt zu den größten Fluggesellschaften der Welt. Beeindruckend groß wie ihr Liniennetz sind auch ihr Personalstand und die Vielzahl von Nationen, aus denen ihre Mitarbeiter kommen: 93.000 Menschen aus 146 Ländern arbeiten für die Lufthansa. Dass das Zusammenspiel so vieler Kulturkreise und Mentalitäten auch Herausforderungen mit sich bringt, kann man sich leicht vorstellen. Monika Rühl, Leiterin Change Management & Diversity, erklärt, wie man diese Herausforderungen bei der Deutschen Lufthansa meistert.

Frau Rühl, Mitarbeiter aus 146 Nationen zu koordinieren, das ist schon eine gewaltige Aufgabe. Mich würde nun interessieren: Bereiten Ihnen Mitarbeiter aus anderen Kulturkreisen im täglichen Umgang irgendwelche Probleme?

RÜHL: Für alle Führungskräfte und Vorgesetzten der Lufthansa stellt sich die Frage, wie behandle ich Mitarbeiter unterschiedlicher Kulturen und Nationen. Bei Diversity geht es um das Managing der Vielfalt. Das meint aber Vielfalt nicht nur in Hinblick auf Herkunft oder Hautfarbe, sondern u. a. auch Alter, Geschlecht, sexuelle Orientierung oder Behinderung. Diversity Management ist seit vielen Jahrzehnten gelebte Praxis und wird bei der Lufthansa konkret in den operativen Einheiten täglich gelebt, auch wenn es um die Vorbereitung von Expatriates geht oder wenn im Vorfeld von Unternehmenszusammenschlüssen geplante Mergers & Acquisitions auf ihre kulturelle Verträglichkeit hin untersucht werden.
Meine Aufgabe ist eine Schnittstellenfunktion. Ich habe mit vielen operativen und nicht-operativen Einheiten zu tun. Es ist wichtig, dass alles reibungsfrei verläuft und Wertschätzung für alle Mitarbeiter ausgedrückt wird. Natürlich habe ich auch Kontakte weltweit, hauptsächlich agiere ich in Europa und vor allem in Deutschland. Denn auch hier gibt es viel zu tun. Allein in Deutschland sind bei der Lufthansa Menschen aus 112 Nationen beschäftigt. Und da geht es darum, Sensibilität für den Umgang miteinander zu schaffen. Wie gehe ich zum Beispiel in den verschiedenen Kulturen mit dem Thema Alter um? Oder: Wie kann Kommunikation gelingen? Ein Beispiel: Das Wort „vielleicht“ lässt sich zumeist leicht in alle Sprachen übersetzen. Wenn aber ein Schwede und ein Spanier zusammen sitzen und sich darauf einigen, dass ein Auftrag „vielleicht zustande kommt“, geht der Schwede mit dem Gefühl nach Hause,

dass es voraussichtlich klappt, während der Spanier möglicherweise denkt, dass er die Anfrage elegant verneinen konnte. Mir ist es wichtig, die Menschen für solche Unterschiede zu sensibilisieren und vielleicht sogar einen „Aha-Effekt" zu erzielen. Denn Diversity muss vor Ort gelebt werden. Wir begleiten, flankieren, coachen und beraten bei der Umsetzung vor Ort, falls dies gewünscht ist.

Wie schaffen Sie diese Sensibilität bei Ihren Mitarbeitern? Und wie werden die im interkulturellen Management gesammelten Erfahrungen bei der Lufthansa weiter gegeben?

RÜHL: Es gibt einerseits ein Instrumentarium für das Wissensmanagement, und es gibt natürlich viele interkulturelle Schulungen und Trainings. Die sind für einige Berufsgruppen sogar verpflichtend. Wir haben dabei im Blick, dass der persönliche Kontakt das A und O ist. Deswegen spielt die Sprachkompetenz eine sehr wichtige Rolle bei der Lufthansa. Die Menschen, die Kundenkontakt haben, müssen Fremdsprachenkompetenz erwerben. Es gibt sogar Sprachzulagen für Mitarbeiter, die neben Deutsch, Englisch und einer weiteren Sprache – das ist Voraussetzung bei uns – noch andere Sprachen beherrschen. Wir stellen schriftliche Sprachvorlagen zur Verfügung und bilden unser Personal aus. Die Basis ist Respekt und Wertschätzung, allerdings nicht als Selbstzweck, sondern durchaus mit dem Fokus der Vermeidung von Reibungsverlusten. Wir sind ein Dienstleistungsunternehmen, das davon lebt, dass unsere Mitarbeiter immer etwas besser sind als die Kollegen von der Konkurrenz. Im Grunde ist es immer eine „person to person"-Interaktion. Und da ist es wichtig zu verstehen, was der andere wünscht. Bei den Mitarbeitern zum Beispiel weiß man inzwischen, dass sich Frauen üblicher Weise mehr Feedback wünschen als Männer. Bekommen sie das nicht, denken sie, die Leistung wäre nicht in Ordnung gewesen. Männer hingegen gehen zumeist davon aus, dass, wenn sie nichts hören, alles in Ordnung ist. Nun ist es aber so, dass, wenn sich jeder auf das Terrain des anderen begibt, es auch zu Missverständnissen kommen kann. Wenn sich also ein Europäer wie ein Asiate verhält und umgekehrt, ist das nicht wirklich zielführend. Man sollte authentisch bleiben, den anderen in seiner besonderen Art aber besser verstehen lernen.

Wie motiviert die Deutsche Lufthansa ihre Mitarbeiter? Was ist Ihr Erfolgsgeheimnis bei der Mitarbeiterorientierung, was machen Sie anders oder besser als andere vergleichbare Unternehmen?

RÜHL: Erstens gehe ich davon aus, dass ein Mitarbeiter grundsätzlich motiviert ist, seine Arbeitsleistung einbringt und dafür Geld bekommt, unabhängig davon, wo er beschäftigt ist. Firmenleistungen, vor allem eine angemessene Vergütung, Entwicklungsmöglichkeiten und ein angenehmes Betriebsklima, tragen zur Mitarbeitermotivation bei. Auch die Angebote zur Familienpolitik wirken sich positiv aus. Motivation wird auch durch den täglichen Umgang zwischen Vorgesetzten und Mitarbeitern und zwischen den Mitarbeitern untereinander erhalten. Wir können Instrumente zur Verfügung stellen, aber der tägliche Kontakt ist das Entscheidende. Wenn Probleme auftauchen, spiegelt das häufig nur wider, dass es auch in den 1:1-Beziehungen zwischen Menschen irgendwo hakt. Wertschätzung wird insbesondere auch durch die Vorgesetzten der unteren Hierarchiestufen transportiert, die den direkten Kontakt zu den Mitarbeitern haben.

Wie schafft man es, bei der Kundenorientierung die Nase vorne zu haben? Gibt es eigentlich kulturelle Unterschiede im Umgang Ihrer Mitarbeiter mit den Passagieren?

RÜHL: Der Lufthansa ist es in den letzten vierzehn Jahren nicht nur gelungen, zu sanieren und kostenbewusst zu agieren, was ja schon eine große Leistung für sich war, sondern wir haben auch gelernt, aus der Perspektive des Kunden zu denken und zu handeln. Ich habe das persönlich seit Beginn der 90er Jahre gut beobachten und natürlich in der Praxis miterleben können. Inzwischen verstehen wir auch die Beziehungen innerhalb des Konzerns als Kunden-Lieferanten-Interaktionen. Heute ist auch die Kundenorientierung ein wesentlicher Bestandteil unseres Schulungspaketes. Es werden zum Beispiel für die Flugbegleiter nicht nur Notfall- und Erste-Hilfe-Schulungen angeboten, auch Service- und Dienstleistungsschulungen sind fester Bestandteil der Ausbildung. Und diese Schulungen werden regelmäßig wiederholt. Kundenorientierung ist heute selbstverständlich. Kulturelle Unterschiede äußern sich bei der Lufthansa in drei Dimensionen: die Beziehung zu Aktionären, Kunden und unseren Mitarbeitern. Im Umgang mit dem anderen nehme ich natürlich auch kulturelle Unterschiede wahr: So tun sich Asiaten leichter, weil sie von sich aus sehr serviceorientiert sind. Bei den Deutschen ist es so, dass es vielleicht etwas länger dauert, bis sie die Notwendigkeit verstanden haben. Aber wenn dies der Fall ist, dann machen sie es auch gründlich, und das Ergebnis ist gut.

Erheben Sie eigentlich in regelmäßigen Abständen die Zufriedenheit Ihrer Mitarbeiter und auch die Ihrer Kunden? Und wenn ja, sind diese Zufriedenheitsmessungen beziehungsweise die personalpolitischen Maßnahmen dann konzernweit standardisiert, oder gibt es da landesspezifische Spielräume?

RÜHL: Wir führen bei der Lufthansa alle zwei Jahre Mitarbeiterbefragungen durch. Dabei verwenden wir einen globalen Fragebogen. Kundenbefragungen führen wir regelmäßig auf den Lufthansa-Flügen durch. Die personalpolitischen Maßnahmen ergeben sich zum Teil aus den Zufriedenheitsindikatoren. In der Strategie und daraus folgend bei den Maßnahmen gibt es eher die Tendenz zur Dezentralisierung. Die einzelnen Gesellschaften und internationalen Standorte entscheiden selbst, was sie zur Optimierung ihrer geschäftlichen Aktivitäten benötigen und setzen es auch entsprechend um. Dies ist auch deshalb einleuchtend, weil sich nicht nur nationale Gesetze stark unterscheiden, sondern auch Mentalitäten, wie etwa das Sicherheitsbedürfnis der Mitarbeiter.

Die Lufthansa setzt eine Vielzahl von Aktivitäten, um die Potenziale ihrer Mitarbeiter zu entfalten. Unter dem Motto „Weil Arbeit nur das halbe Leben ist" wird versucht, speziell auf die Bedürfnisse der Familien einzugehen. Erzählen Sie mir doch mehr davon!

RÜHL: Wir sind ein sehr familienfreundliches Unternehmen, wobei familienfreundlich vielleicht zu wenig aussagt. Uns geht es um eine vernünftige Work-Life-Balance, einen Ausgleich zwischen Anspannung und Entspannung, Yin und Yang. Ob sich nun jemand am besten im Kreise seiner Familie oder beim Sport erholt, spielt dabei keine Rolle. Wir tun einiges, um dieses Gleichgewicht zu fördern, angefangen vom Lufthansa-Sportverein bis hin zur gesunden Ernährung – und natürlich einem großen Angebot an Rahmenbedingungen zur besseren Vereinbarkeit von Familie und Beruf. Wir tun dies aus der Erkenntnis heraus, dass Menschen keine Maschinen sind. Sie leisten dann am meisten, wenn sie sich ernst genommen und respektiert fühlen.

„Mitarbeiter sind die wichtigste Ressource eines Dienstleisters, die Wachstum und Erfolg des Unternehmens sichert", heißt es

auf der Homepage der Deutschen Lufthansa. Wie sehen Sie die Zusammenhänge zwischen Mitarbeiter- und Kundenorientierung?

RÜHL: Der Zusammenhang zwischen Mitarbeiter- und Kundenorientierung ergibt sich unmittelbar aus unserem strategischen Dreieck, wonach Kunden, Aktionäre und Mitarbeiter gleich wichtig für das Unternehmen sind. Nur motivierte Mitarbeiter leisten einen guten Service am Kunden, der gerne wieder mit der Lufthansa fliegt, wenn er zufrieden ist, was sich günstig auf unsere Ertragslage und damit auf den Aktienwert und auf die Dividende der Aktionäre auswirkt. Wenn dazu die Konjunktur stimmt, dann kann Wachstum einsetzen. Dies sieht im Augenblick günstig aus. Allein in diesem Jahr werden wir mehr als 2.400 neue Stellen besetzen.

Beim Stichwort Wachstum fallen mir natürlich gleich die asiatischen Länder China und Indien ein. Welche Länder sind für Sie als Zukunftsmärkte interessant?

RÜHL: Indien und besonders China sind wichtige Märkte für uns. Mit Air China haben wir in der Technik seit vielen Jahren ein Joint Venture und kooperieren im Verkehr zwischen unseren Ländern sowie bei innerchinesischen und innerdeutschen Verbindungen. Vor wenigen Wochen startete in Shenzen der erste Flug der Fracht-Airline Jade Cargo, ein Joint Venture zwischen der Lufthansa und chinesischen Partnern. Chinas Anteil am Luftverkehr ist heute vergleichbar mit Deutschland. Da ist noch viel Potenzial. Das ist interessant für chinesische und auch nicht-chinesische Fluggesellschaften – also auch für Lufthansa.

Interview: Maria Sundermann

Foto: ZF Friedrichshafen AG

Uwe Berner

ZF Friedrichshafen AG:

„Wir entsenden nur dann, wenn es unbedingt notwendig ist"

ZF Friedrichshafen AG ist ein international agierender Automobilzulieferkonzern, spezialisiert auf Getriebe, Lenkungen, Achsen und Fahrwerktechnik. Das Unternehmen beschäftigt weltweit mehr als 54.000 Mitarbeiter und ist in 26 Ländern auf allen Kontinenten der Erde vertreten. Interkulturalität gehört bei ZF zum Tagesgeschäft, wie Vorstand Uwe Berner betont.

Herr Berner, ZF ist in mehr als zwei Dutzend Ländern und praktisch auf allen Kontinenten aktiv, was natürlich Kontakte mit anderen Kulturen mit sich bringt. Welche Erfahrungen haben Sie dabei gemacht?

BERNER: Wir sind in 26 Ländern mit über 120 Produktionsstandorten vertreten. Da gibt es schon massive kulturelle Unterschiede: Nordamerika ist durch seine CEO-Kultur geprägt, bei der die Steuerung des Unternehmens auf eine Person konzentriert ist, auch wenn gleichzeitig die Teamarbeit gepredigt wird. Europa ist anders aufgestellt: Die Individualität der Mitarbeiter hat einen hohen Stellenwert, und Gremienentscheidungen stehen im Vordergrund. In Deutschland gibt es die Mitbestimmungsrechte und insgesamt eher eine auf Konsens ausgerichtete Kultur. Der asiatisch-pazifische Raum zeichnet sich durch eine hohe Gruppendisziplin, das Senioritätsprinzip und eine besondere Netzwerkkultur aus. Südamerika und andere romanische Kulturen sind patriarchalisch ausgerichtet. Da ZF in allen Regionen präsent ist, gehört der Umgang mit unterschiedlichen Führungskulturen zum Tagesgeschäft.

Wie werden die im interkulturellen Management gesammelten Erfahrungen weiter gegeben? Bieten Sie vielleicht spezielle Trainings an, die Mitarbeiter auf einen Auslandseinsatz vorbereiten?

BERNER: Es stellt sich immer wieder die Frage: Was kann man tun, um Mitarbeiter bei einem Auslandseinsatz zu unterstützen? Es gibt für unsere Mitarbeiter eine professionelle Vorbereitung auf den Auslandseinsatz. Wir werden dabei von einer externen Institution unterstützt, die sich nicht nur um alle Aspekte des Auslandseinsatzes des Mitarbeiters selbst, sondern beispielsweise auch um die Vorbereitung des Lebenspartners kümmert. Die Vorbereitung des Mitarbeiters

ist geprägt durch zwei Faktoren: Erstens den Mitarbeiter selbst: Wo gibt es Bedenken, was kommt auf den Mitarbeiter zu, wenn er beispielsweise nach Nordamerika, in den pazifischen Raum oder nach China geht? Und zweitens die Vorbereitung des Lebenspartners, sofern dies relevant ist. Das Feedback der Mitarbeiter auf diese Art der Vorbereitung ist sehr positiv.
Grundsätzlich ist zu überlegen: Welche Konzepte sind für das Unternehmen geeignet, um seine Unternehmenskultur und strategischen Ziele abzusichern? Welche Entsendungs- und Personalentwicklungskonzepte unterstützen uns dabei und zwar nicht nur im Hinblick auf deutsche Mitarbeiter, sondern auf weltweiter Basis?
Die Frage, wann wir Mitarbeiter ins Ausland entsenden, beantworten wir wie folgt: Wir entsenden nur dann, wenn es unbedingt notwendig ist, um Know-how zu transferieren, um die ZF-spezifische Kultur und Philosophie weiterzugeben, oder im Zusammenhang mit der strategischen Personalentwicklung. Es gibt bei ZF aber auch die Möglichkeit, sich aus dem jeweiligen Land heraus zu entwickeln. Dies ist eine Chance für die Menschen vor Ort und hat natürlich auch Einfluss auf die Mitarbeiterzufriedenheit in den Ländern. Ziel ist es, diesbezüglich ein vernünftiges Gleichgewicht zu finden. Der der deutschen Kultur manchmal innewohnende Gedanke, „Wir allein wissen, wie die Welt funktioniert", ist kein ausreichender Ansatz.

Bedeutet das, dass die interkulturellen Trainings grundsätzlich nicht nur Deutschen, sondern allen offen stehen?

BERNER: Ja, auch hier gibt es zwei Varianten: Auf individueller Ebene bieten wir weltweit interkulturelle Trainings an, wenn beispielsweise ein Amerikaner für einige Zeit nach Italien geht. Hier sensibilisieren wir ihn für die Lebens- und

Arbeitsweise vor Ort. Darüber hinaus führen wir konzernweit aufgelegte interkulturelle Trainings durch, wie zum Beispiel das Junior Management Programm JuMP, in dem wir weltweit Nachwuchskräfte aus verschiedenen Nationen fördern und durch die internationale Zusammensetzung ihre interkulturellen Erfahrungen stärken. Mit diesem Programm werden die Absolventen gezielt auf Führungsaufgaben im Ausland vorbereitet.

Das klingt ja fast so, als ob die ZF Friedrichshafen AG ihre Personalpolitik zentral steuern würde?

BERNER: ZF ist dezentral aufgestellt. Jeder Bereich ist ergebnisverantwortlich und trägt damit auch die Verantwortung für die eigenen Märkte, Produkte und Produktionsstandorte. Das heißt natürlich auch, dass damit den Bereichen auch die entsprechende Entscheidungsbefugnis übertragen wird. Durch die Matrixorganisation werden übergreifende Koordinierungsfunktionen abgedeckt, in denen hoheitliche Aufgaben und Impulsfunktionen wahrgenommen werden, wie zum Beispiel bei Harmonisierungsprojekten oder strategischen Konzernthemen wie unserer Betriebsklimaanalyse.
Das Personalwesen ist entsprechend aufgestellt. In den Geschäftsfeldern gibt es jeweils einen Personalverantwortlichen, der disziplinarisch den Unternehmensbereichsleitern unterstellt ist und funktional von der Personalabteilung in der Konzernzentrale unterstützt wird. Damit ist ein hoher Selbständigkeitsgrad verbunden. Zur Steuerung gibt es ein Berichtswesen, das durch Koordinierungsmeetings ergänzt wird. Beispielsweise gibt es den HR Strategy Board. Derartige Meetings gibt es weltweit nicht nur für HR, sondern auch für das Finanzwesen, die Materialwirtschaft und andere zentrale Funktionen.

Sie haben eben die Betriebsklimaanalyse genannt. Wie gehen Sie da vor? Sind diese Zufriedenheitsmessungen konzernweit standardisiert?

BERNER: Das Instrument der Betriebsklimaanalyse (BKA) gibt es bei uns seit 1995. Ziel ist es, einen Indikator zu haben, um den Zufriedenheitsgrad der Mitarbeiter zu messen. Mit der BKA haben wir einen Gradmesser dafür, wie die Meinung und Einstellung der Mitarbeiter zu sechs Parametern ist. Die BKA liefert uns ebenfalls wichtige Impulse, was aus Sicht der Mitarbeiter verbessert werden kann. Die BKA ist weltweit eingeführt. Entscheidend ist aber, welche Nachfolgemaßnahmen daraus resultieren. Wenn nämlich zwischen zwei Befragungszyklen, bei uns alle drei Jahre, nichts passiert, würden wir uns unglaubwürdig machen. Wenn man ein solches Instrument installiert, dann muss man auch auf das Ende des Prozesses schauen. Die BKA wird kontinuierlich weiterentwickelt. Seit 2005 stellen wir die BKA auch online zur Verfügung. Neben der BKA gibt es auch regional ausgeprägte Instrumente. In Nordamerika beispielsweise benutzen wir eine Methode namens CVR (Center for Value Research), die speziell in Produktionsbetrieben eingesetzt wird, wo vor dem Hintergrund der gewerkschaftlichen Aktivitäten unser besonderes Augenmerk auf der Untersuchung von Hygienefaktoren, wie Entlohnung, Altervorsorge und Absicherung bei Krankheit liegt.

Weiterentwicklung ist ein gutes Stichwort. Bei ZF führen Sie eine Vielzahl von Aktivitäten durch, um die Potenziale Ihrer Mitarbeiter zu entfalten. Auf Ihrer Homepage werden unter anderem der hohe Stellenwert der Ausbildung junger Menschen, ein internationales Talentradar sowie die Möglichkeit eines praxisnahen Studiums erwähnt. Können Sie mir mehr darüber erzählen?

BERNER: Natürlich brauchen wir qualitativ hochwertigen Nachwuchs. Hier stehen wir im Wettbewerb mit Unternehmen, die ebenfalls attraktive Namen haben. Wenn es um die Gewinnung, Bindung und Förderung von hoch qualifizierten Mitarbeitern geht, stehen wir auf dem Arbeitsmarkt voll im Wettbewerb. Dazu bedarf es spezieller Programme. Wir bieten ca. 1.000 Praktikumsplätze an. Außerdem engagieren wir uns an den Ausbildungsstätten, wie Berufsakademien, Hoch- oder Fachschulen, um uns dort zu positionieren. Wir möchten damit unseren Namen bekannt machen und fördern konkrete Aktivitäten, die ZF-spezifisch sind. Wir sind mit zahlreichen Universitäten vernetzt. Es gibt Internships, Austauschprogramme, etwa zwischen Nordamerika und Deutschland, aber auch mit anderen Regionen. Man kann natürlich auch über eine Expertenkarriere oder ein 18-monatiges Traineeprogramm direkt bei ZF einsteigen. Das Traineeprogramm richtet sich an talentierte Führungsnachwuchskräfte weltweit, die das Unternehmen über konkrete Projektarbeit kennen lernen.

Wie lautet für Sie das Fazit zum Thema „Mitarbeiterzufriedenheit im interkulturellen Umfeld"? Was ist für Sie persönlich das Wichtigste dabei?

BERNER: Die Bewältigung der ständigen Veränderungsprozesse, die von außen auf das Unternehmen zukommen, die aber auch innerbetrieblich verursacht sein können, ist eine ständige Herausforderung. Die Mitarbeiter darauf vorzubereiten und sie dort abzuholen, wo sie stehen, bleibt eine Kernaufgabe der Personalarbeit.

Wie kann ein international operierendes Unternehmen, wie es das Ihre ist, es schaffen, eine Leitkultur zu entwickeln?

BERNER: Die Leitkultur basiert auf dem Wertesystem der ZF. Das Wertesystem ist in den Unternehmensleitlinien festgelegt, die weltweit gelten. Die wesentlichen Einflussfaktoren sind die Bedürfnisse unserer Kunden, Mitarbeiter und Aktionäre und die Sicherung unserer finanziellen Unabhängigkeit und Technologieführerschaft. An der Sicherung dieser Unternehmenswerte wird systemartig gearbeitet, damit das Unternehmen weltweit wettbewerbsfähig bleibt und allen „stakeholdern" Nutzen bringt.

Herr Berner, wie sieht Ihrer Meinung nach die Zukunft für ZF aus?

BERNER: ZF ist weltweit gut aufgestellt und ist in der Lage, ihre Kunden vor Ort zu bedienen. Die Schlüsselregion Europa wird auch in Zukunft mit 42.000 Beschäftigten dominant bleiben. Die Regionen Nord- und Südamerika bleiben stabil, während die Region Asien-Pazifik wächst und die osteuropäischen Länder zu wesentlichen Playern werden. Zusätzliche interkulturelle Anforderungen sehen wir nicht, da die ZF in allen Regionen vertreten ist.

Interview: Maria Sundermann

Foto: Oswald M. Klotz

Rudolf Lercher

Raiffeisen International Bank-Holding AG:

„Erfolg zieht Erfolg fast magisch an"

Die Raiffeisen International Bank-Holding AG (RI) steuert die Banken, Leasinggesellschaften und eine Vielzahl anderer Anbieter von Finanzdienstleistungen des RZB-Konzerns in Zentral- und Osteuropa. Haupteigentümer ist die österreichische Raiffeisen Zentralbank Österreich AG (RZB). Rudolf Lercher, Head of Corporate Relations and Banking Alliances bei RI, erläutert Probleme interkultureller Beziehungen mit Osteuropäern.

Herr Lercher, Sie haben bei Raiffeisen International die Funktion „Head of Corporate Relations and Banking Alliances". Was kann ich mir darunter vorstellen? Beschreiben Sie bitte Ihren Aufgabenbereich im Detail.

LERCHER: Wir schauen in meiner Abteilung darauf, dass wir in Westeuropa Bankallianzen aufbauen, die uns Kunden nach Osteuropa schicken, weil sie dort selber kein Bankennetz betreiben. Das ist meine erste wesentliche Aufgabe: Partnerschaften mit westeuropäischen Banken aufzubauen, um dieses große Potenzial vor allem an Mittelstandskunden aus Westeuropa unseren Banken zuzuführen. Auf der anderen Seite muss man schauen, in Osteuropa – und das ist meine zweite Funktion – die International Desks, wie wir es nennen, aufzubauen. Wir haben in jedem Land einen International Desk, der sich ganz gezielt um die Anliegen der KMUs, der Klein- und Mittelstands-Unternehmen – kümmert. Diese International Desks widmen sich ganz gezielt der Aufgabe, die hohen Erwartungen, die man gewöhnlich in Österreich oder in Westeuropa an ein Bankinstitut stellt, auch in Osteuropa zu erfüllen.

RI ist innerhalb der Organisation des Raiffeisen-Konzerns an vorderster Stelle in 15 Ländern Zentral- und Osteuropas mit eigenen Banken tätig. Inwieweit erfordert Ihr Verantwortungsbereich Kontakte mit anderen Kulturen? Welche kulturellen Unterschiede nehmen Sie im täglichen Umgang mit Managern aus diesen Ländern wahr?

LERCHER: Der Unterschied zwischen Zentral- und Osteuropa und unseren Breitengraden ist nicht so groß, wie man allgemein annimmt. Wir haben doch eine sehr ähnliche Kultur. Natürlich muss man hier auch die lange gemeinsame Geschichte erwähnen. Das hat es für österreichische Unternehmen gerade am Anfang leichter gemacht, mit diesen anderen Mentalitäten sehr gut zurecht zu kommen. Wo man oft an Schnittstellen Probleme hat, ist natürlich die Sprache. Da ich selber, übrigens wie sehr wenige Österreicher, eine slawische Sprache wirklich gut spreche, ist das natürlich das Hauptkriterium, wo es zu Missverständnissen kommen kann. Deshalb hat RI relativ bald erkannt, dass man hier auf eine andere Ebene ausweichen muss, und so ist unsere Corporate Language einfach Englisch, unsere gesamte Kommunikation läuft mittlerweile auf Englisch – außer dort, wo man Kollegen hat, die sehr gut Deutsch sprechen. So haben wir die Sprachbarriere in den Griff bekommen. Trotzdem ist es nicht immer leicht. Denn wenn man mit einem zum Beispiel englischsprachigen Ukrainer zusammen kommt, da kann es trotz der gemeinsamen Sprache immer wieder Missverständnisse geben, weil beide halt oft nicht genau die Bedeutung der einzelnen Wörter kennen.

Gibt es innerhalb der RI in allen Ländern, wo Sie vertreten sind, eine Leitkultur?

LERCHER: Wir sind als RI-Holding noch relativ jung in unseren Steuerungsfunktionen. Eine Leitkultur gibt es in niedergeschriebener Form in unseren Vision-Mission-Values. Aber natürlich ist die Kultur auch sehr stark durch die handelnden Personen beziehungsweise das Management geprägt. In diesem Zusammenhang möchte ich unseren Generaldirektor Dr. Herbert Stepic hervorheben. Er hat dieses Netzwerk in seiner Art erst konzipiert, er hat zur Zeit des politischen Umbruchs in Osteuropa diese Vision gehabt und mit seinem Pioniergeist und seiner Energie seine ganze Mannschaft mit sich mitgerissen und aufgebaut. Diese Kultur, die er mit seinen Vorstandskollegen lebt und verkörpert, das ist ein wesentlicher Teil unserer Leitkultur geworden.

Ist es eigentlich im internationalen Geschäft nicht ziemlich einmalig, dass der Vorstandsvorsitzende gleichzeitig Leitkultur und Leitfigur für alle ist?

LERCHER: Das kann ich auf andere bezogen nicht sagen, aber bei uns ist es eindeutig so. Dr. Stepic hat eine derartige Motivationsfunktion und eine derartige, wie soll man sagen, mitreißende Art, er ist ja im positiven Sinne ein Workaholic, ihm macht es richtig Spaß, Tag für Tag. Und egal, wo er gerade ist, ob in der Slowakei bei unserer Tatra Banka, oder am nächsten Tag bei unserer Raiffeisen Bank in Russland, immer und überall, wo es ums Geschäft geht, ist der Herbert Stepic da. Und das sehen die Leute dann positiv: Aha, das Geschäft ist für uns die oberste Prämisse, für den Kunden da zu sein. Das ist unsere Kultur. In 15 Ländern, die unterschiedliche Eitelkeiten, Nationalismen etc. haben, da muss man schon etwas anderes in den Mittelpunkt stellen.

Die RI ist eine Holding. Wie selbständig sind denn die Holdingtöchter?

LERCHER: Es ist eine Tradition, die wir – wie ich glaube – aus dem Raiffeisen-System in Österreich übertragen haben: die Subsidiarität der einzelnen Einheiten. So wie es in Österreich die Dreistufigkeit und damit die Eigenständigkeit der lokalen Raiffeisen-Banken gibt, so weisen wir bei allen Konzernstandards einen relativ hohen Grad an Eigenständigkeit in den einzelnen Ländern auf. Wir haben auch den Unternehmergeist in unserem Mission Statement festgehalten. Alles, was im Land selber gemacht werden kann, wird dort auch selber gemacht. Da wird nicht ausschließlich auf Direktiven und Vorschläge aus Wien gewartet, sondern man zeigt Eigeninitiative, stimmt sich mit Wien ab und macht es dann. Das hat uns auch in den Märkten so stark gemacht.

Wir haben auch in allererster Linie lokale Manager, die die Gegebenheiten kennen und die sehr schnell reagieren können. Dementsprechend ist die Eigenständigkeit unserer Töchter vergleichsweise hoch.

Sie sagen, lokale Manager. Sind das jetzt wirklich Manager aus dem jeweiligen Land oder sind das, ich sage es vielleicht etwas provokant, Aufpasser aus Österreich?

LERCHER: Nein, die lokalen Manager sind wirklich aus dem Land, sind Muttersprachler, die keine Aufpasser aus Wien brauchen, die ein sehr hohes Commitment zum Geschäft haben, die auch sehr gut ausgebildet sind. Das ist überhaupt ein Kennzeichen für Zentral- und Osteuropa: Das Bildungsniveau ist sehr, sehr hoch. Wir haben Topmanager, egal, ob das jetzt in Tschechien ist oder in Russland, die brauchen wirklich keine Aufpasser. Was wir aber sehr wohl haben, sind Manager aus Österreich, die für das internationale Geschäft zuständig sind und schon darauf schauen, dass die westliche Qualität gehalten wird. Aber Aufpasser gibt es in keinem Fall. Sehr oft kommt sogar der Generaldirektor der jeweiligen Bank aus dem jeweiligen Land.

Wie funktioniert denn das Controlling?

LERCHER: Das Controlling läuft klarerweise über die Zentrale in Wien. Hier erfolgen auch die Konsolidierung und die Planung. Denn als Holding und Steuerungseinheit bestimmen wir Vorgaben.

Wie werden die bei Ihnen hier im Management zusammenlaufenden Erfahrungen eigentlich im Konzern verarbeitet und weitergegeben?

LERCHER: Man hat bei uns eine eigene Abteilung installiert, die sich „Best practices" nennt. Wir schauen also, wo etwas in einem Land besonders gut funktioniert, was wir in einem anderen Land noch nicht haben, aber gerne hätten. Dann wird gesagt: „Schaut her, das funktioniert in Ungarn perfekt, warum macht ihr das in Polen nicht ähnlich oder gleich – natürlich angepasst an die anderen juristischen Gegebenheiten?“ Das ist also eine Form von Know-how-Transport. Außerdem tauscht man sich sehr stark aus. Wir haben permanent einerseits die Aufsichtsratssitzungen, wo unsere Vorstände von einem Land ins andere reisen und dieses Wissen immer mitnehmen und transportieren, zum anderen holen wir uns auch immer wieder die Manager nach Österreich. Da finden so genannte Group Meetings statt, wo sich die Vorstände aller unserer Banken, gemeinsam mit der RZB, in Wien zusammenfinden, und wo höchster Wert auf Kommunikation gelegt wird. Also es geht weniger um Wissensvermittlung, denn die wissen ohnehin schon alle alles; aber miteinander zu reden, das ist das Entscheidende. Und dann natürlich wird das auf die nächst folgenden unteren Ebenen heruntergebrochen. Man nimmt dann nur Corporate Board Members, um sich im Corporate Geschäft auszutauschen, und, auf meinen Bereich bezogen, ich hole einmal im Jahr diese International Desks zusammen, damit die wieder miteinander reden, und dieses „intra group cross selling“ miteinander betreiben. Damit der Manager in Ungarn nicht nur an sich denkt, sondern dass er weiß, da gibt es einen in der Ukraine, der vielleicht den gleichen Kunden hat, da könnten wir ja gemeinsam etwas unternehmen. Es geht dann also darum, diesen Gruppenansatz zu leben und für uns zu nutzen.

Gibt es über diese doch recht zahlreichen Meetings hinaus auch noch spezielle Trainingmaßnahmen für die Mitarbeiter?

LERCHER: Unsere Mitarbeiter können auf eine Fülle von Trainings zurückgreifen. Unsere Personalabteilung bietet

Management- und fachspezifische Trainings an. Darüber hinaus können wir in der Holding, aber auch die Netzwerkbanken, die ja auch ihre lokalen Schulungen haben, auch auf Programme der RZB zugreifen. Darüber hinaus steht uns auch die Raiffeisen-Akademie mit einer Vielzahl an deutschsprachigen Kursen zur Verfügung. Was selbst durch diese Fülle nicht abgedeckt wird, wird zugekauft oder durch Seminar- und Konferenzbesuche abgedeckt.

Was wird konkret gemacht?

LERCHER: Das reicht – in unterschiedlichen Levels – von Board Trainings, um Führungskompetenzen aufzubauen, über Sprachkurse jeder Art, bis zu Persönlichkeitsbildung, eben die klassischen Standards, die man in jeder Bank so findet.

Woher wissen Sie, ob und wie sehr Ihre Mitarbeiter zufrieden sind? Erheben Sie das überhaupt?

LERCHER: Ja, das machen wir sogar sehr professionell. Wir haben erst im November 2005 eine Mitarbeiter-Zufriedenheitsumfrage durchgeführt, gemeinsam mit der RZB. Dabei wurden sämtliche Mitarbeiter in Wien erfasst, die hier ihr Management beurteilt haben und ihre Zufriedenheit mit der Bank zum Ausdruck bringen konnten. Daraus haben wir Maßnahmen abgeleitet.

Auch in Zentral- und Osteuropa?

LERCHER: Unsere Banken in Zentral- und Osteuropa führen separate Umfragen durch.

Sie sagten: Maßnahmen – welche meinen Sie?

LERCHER: Das Management hat gesagt, wenn wir das machen, dann wollen wir uns auch intensiv mit den Ergebnissen beschäftigen und Verbesserungen ableiten. Und dann hat sich der Vorstand auch dazu bekannt. Es gab Follow-up-Meetings, wo man gemeinsame Workshops gemacht hat. Zuerst in einzelnen Gruppen ohne den Vorstand. Dort hat man die Problematik, etwa die Überstunden, besprochen. Das hat man dann in den Workshops intensiv bearbeitet. Das Ergebnis wurde darauf einem Vorstand vorgelegt, und der Vorstand musste es anschließend vor dem Gesamtvorstand als sein Thema präsentieren. Er musste sich also in die Problematik hineindenken und dann wirklich Konsequenzen folgen lassen. Tatsächlich wurden Maßnahmen getroffen, um Unzufriedenheit, wo es sie gab, wirklich auszuräumen. Wenngleich, das muss ich hinzufügen, die Zufriedenheit generell erstaunlich hoch war. Die Umfrage wurde natürlich von einem Externen auf anonymer Basis umgesetzt, das Ergebnis kann sich durchaus sehen lassen.

Woher nehmen nun die Mitarbeiter der RI ihre Motivation?

LERCHER: Da muss ich wieder unseren Generaldirektor Stepic erwähnen, er ist der Mitreißer schlechthin. Der Fisch fängt immer beim Kopf zu stinken an, und umgekehrt, wenn alles gut läuft, dann zieht sich das durch alle Bereiche. Zum Ersten ist also ein sehr gutes Management da. Zum Zweiten erleben wir bis dato eine sehr schöne Erfolgsstory, die sich auch in unserem Aktienkurs niedergeschlagen hat. Das Ergebnis dieses erstmaligen Börsenganges im Jahr 2005 war ja überwältigend. Das ist natürlich für die Mitarbeiter ein weiterer Motivationsfaktor. Wenn man weiß, dass unsere Aktie 22-fach überzeichnet war, dann denkt man sich: „Aha, da müssen wir schon etwas wert sein!“ Und es ist eine Tatsache: Erfolg zieht Erfolg fast magisch an. Wir haben 2005 das erfolgreichste Jahr seit Bestehen der RI hingelegt, inklusive RZB, das heißt, auch die RZB ist auf dem österreichischen Markt sehr erfolgreich, und das bedeutet für die gesamte RZB-Gruppe eine Motivation. Man sieht, es werden Leute aufgenommen, statt – wie in anderen Banken – abgebaut. Das ist natürlich auch eine starke Motivation. Vor allem sind wir in der RI eine sehr kleine Truppe, wo man noch viel steuern kann, wo man noch viel selber gestalten kann. Das ist ein weiterer Faktor für Motivation und Zufriedenheit.

Sie sind aber nicht alleine am Markt. Wie verhalten Sie sich zu Ihren Mitbewerbern?

LERCHER: Das ist richtig, wir sind nicht mehr alleine am Markt. Nicht mehr, sage ich dazu, weil wir am Anfang schon sehr stark als Pioniere unterwegs waren. Wir waren in Ländern wie Albanien absolut die Ersten, und wir sind in der Ukraine als erste westeuropäische Bank angetreten. Es gibt in Osteuropa ja Märkte, Weißrussland zum Beispiel, da traut sich – unter Anführungszeichen – noch kein anderer hin, da sind wir noch allein. Aber gerade in den neuen EU-Mitgliedsländern, wie unseren Nachbarstaaten, ist die Anzahl der Mitbewerber schon sehr hoch. Das sind Märkte, die umkämpft sind wie Österreich oder jedes andere westeuropäische Land.

Die Erste Bank ist sehr aktiv in Zentraleuropa, und jetzt ist bekanntlich die Mailänder Unicredit, nicht zuletzt durch den Kauf der Bank Austria-Creditanstalt, dazu gekommen. Wie vergleichen Sie sich mit denen?

LERCHER: Wir vergleichen uns kaum, weil es starke Unterschiede gibt. Vor allem in der regionalen Präsenz. Wenn ein Kunde in 16 Märkten – wir haben in 15 Märkten Banken und in Kasachstan eine Leasinggesellschaft – aus einer Hand betreut werden möchte, dann bleibt ihm neben uns nur die

Alternative unseres Mitbewerbers aus Mailand. Wichtig erscheint mir in diesem Zusammenhang, dass Raiffeisen über die Jahre gewachsen ist, während Unicredit das Ergebnis einer Vielzahl von Fusionen und Übernahmen ist. Die Erste Bank ist ganz anders aufgestellt und hat auch einen ganz anderen Ansatz. Der Markt ist im Moment für eine Vielzahl von Anbietern noch ausreichend groß. Generell schauen wir darauf, dass wir ganz einfach die beste Leistung bringen. Damit sind wir bis dato nicht schlecht gefahren.

Welche Länder, welche Märkte sehen Sie als die Zukunftsmärkte für RI? Haben Sie weitere Expansionspläne?

LERCHER: Für RI ist und bleibt der Fokus eindeutig Zentral- und Osteuropa. Das ist unser Heimmarkt. Wir sind zurzeit mit Russland und mit der Ukraine sehr glücklich, wir haben dort sehr viel zu tun, weil wir in dieser Region zwei Banken zugekauft haben. Das hat unsere Mitarbeiterzahl schlagartig verdoppelt. Das muss man erst einmal managen. Da sind unsere Kapazitäten sehr stark gefordert, das alles in den Konzern zu integrieren. Wie es dann weitergeht, ist noch offen. Freilich sind die an Russland grenzenden Länder wie Kasachstan sehr interessant. Wir hatten in Kasachstan einige Jahre eine Minderheitsbeteiligung. Diese verkauften wir aber wieder, nachdem wir keine Aussicht auf eine Mehrheit gesehen hatten, übrigens mit einem schönen Gewinn. Und wir haben auch schon eine Leasinggesellschaft, aber eben noch keine Bank. Daher ist dieses Land sehr spannend für uns.

Aber je weiter Sie nach Osten gehen, desto mehr muss doch das Thema Interkulturalität zum Vorschein kommen?

LERCHER: Ja, freilich. Mit dem Kauf der Impexbank in Russland haben wir weite Teile unseres Filialnetzes im asiatischen Teil dieses Landes. Und Kasachstan liegt wiederum in Zentralasien. Unsere zügige Expansion gewinnt auch durch das Thema Interkulturalität an Spannung. Für das klassische Asien – also ohne die GUS – ist unsere Mutter, die RZB, zuständig und die führende österreichische Bank in der Region. Sie betreibt Filialen in China und Singapur und hat Repräsentanzen in Vietnam, Südkorea, Indien usw. Das ist aber wie gesagt Aufgabe und Thema der RZB und nicht von Raiffeisen International.

Interview: Oswald M. Klotz

Foto: Hellmann Worldwide Logistics GmbH & Co. KG

Stefan Wimmer

Hellmann Worldwide Logistics GmbH & Co. KG:

„Fürsorge füreinander, Verantwortung miteinander"

Wahrscheinlich kann niemand genau sagen, wie viele Sprachen in den 134 Ländern, in denen das weltweit vertretene Netzwerk von Hellmann Worldwide Logistics vertreten ist, gesprochen werden. Sicher ist aber, dass eine extreme Vielfalt der Kulturen, Sitten und Lebensformen für Hellmann-Manager wie auch -Mitarbeiter einen Gutteil ihres beruflichen Alltags bestimmt. Stefan Wimmer, Personalchef im Familienunternehmen Hellmann (übrigens: sein Job heißt in bestem Business-Newspeak „European Board Human Resources"), sieht diese Problematik ganz nüchtern.

Hellmann beschäftigt in seinem Netzwerk über 15.000 Mitarbeiter in 134 Ländern der Erde. Kommt es da nicht immer wieder zu Problemen zwischen den Menschen verschiedener Hautfarben oder aus unterschiedlichen Nationen wegen ihrer kulturellen Unterschiede?

WIMMER: Sie haben Recht, der tägliche Kontakt mit anderen Kulturen bestimmt in der Zusammenarbeit mit unseren Kollegen aus aller Welt für uns und für einen großen Teil unserer Mitarbeiter unseren Arbeitsalltag. Wenn wir etwa die stark wachsenden Warenströme von und nach China betrachten und wenn wir für unsere Kunden die komplette Logistik beispielsweise eines Kleidungsstückes von der Beschaffung der Stoffe durch den Hersteller bei seinen Vorlieferanten bis zur Auslieferung ins Kaufhausregal in Europa abwickeln, dann bedeutet das sehr viel Kommunikation zwischen unseren chinesischen Mitarbeitern und Kunden einerseits und unseren europäischen Mitarbeitern andererseits.

Gerade im Bereich Human Resources müssen wir besonders sensibel mit den unterschiedlichen Wertvorstellungen, Verhaltensweisen und Lebensformen von Führungskräften und Mitarbeitern umgehen. Nehmen Sie nur alleine die Unterschiede in Europa: Während wir Deutsche auch in heißen Sommern wie 2006 recht regelmäßig mit einer eher kurzen Mittagspause unserer Arbeit nachgehen, ist es in der südeuropäischen Kultur verankert, eine sehr ausgedehnte Mittagspause zu machen, dafür aber in den Abendstunden länger zu arbeiten. In der Zusammenarbeit müssen beide Kulturen sich aufeinander einstellen und dennoch für unsere Kunden gemeinsam eine perfekte logistische Dienstleistung erbringen. Wenn wir die Unterschiede in der Führungskultur auf den verschiedenen Kontinenten betrachten, nehmen wir natürlich wahr, dass wir in der Zusammenarbeit mit unseren asiatischen Managern geduldiger sein müssen, auch selten klare Ja- oder Nein-Entscheidungen erwarten dürfen, und dass wir viel wertschätzender miteinander umgehen sollten. Oder wir erleben eben auch, dass amerikanische Führungskräfte zwar loyal zum Unternehmen stehen, dies aber in der Regel nur für recht kurze Zeit.

Sie müssen also in Ihrem Unternehmen interkulturelles Management leben. Haben Sie ein System entwickelt, wie Sie diese Erfahrungen weiter geben?

WIMMER: Wir haben uns als deutsches Familienunternehmen erst seit den 80er Jahren sehr schnell zu einem weltweiten Unternehmen entwickelt, und das fast ausschließlich aus eigener Kraft, also nicht durch Zukäufe, sondern durch die Gründung von Unternehmen beziehungsweise Niederlassungen im Ausland mit lokalen Führungskräften. Diese Entwicklung wurde vor allem durch unseren Inhaber Jost Hellmann getrieben. Er hat insgesamt über fast zwei Jahrzehnte zunächst in Asien und dann von den USA aus in beiden Amerikas mit lokalen Führungskräften das Geschäft für unsere Kunden aufgebaut und entwickelt. Dabei wurde natürlich ein persönliches Netzwerk der Hellmann-Familie einschließlich unserer Partner aufgebaut, das täglich praktisches interkulturelles Management lebt. In den Gremien, wie zum Beispiel unser jährliches Worldwide Meeting mit Hellmann-Führungskräften aus allen Ländern, einschließlich aller Hellmann-Partner in unserem Netzwerk, das jedes Jahr in einem anderen Land stattfindet, fördern wir ebenso den interkulturellen Austausch wie durch die Tatsache, dass gerade im Board unseres Unternehmens Führungskräfte aus den verschiedenen Kontinenten und Kulturkreisen vertreten sind. Das allein reicht jedoch nicht, und so haben wir begonnen, Führungskräfte und Mitarbeiter durch Trainings im interkulturellen Management gezielter auf die Zusammenarbeit mit Kollegen oder Kunden in den anderen Erdteilen vorzubereiten. So haben wir in einem großen Projekt mit einem koreanischen Kunden alle beteiligten Mitarbeiter vom Board bis zum Sachbearbeiter auf Korea (Gesellschaft, Werte, Kultur und Geschäftsgebaren) vorbereitet. Ein weiterer wichtiger Baustein ist die Entsendung von Führungskräften und High Potentials als Expatriates auf die verschiedenen Kontinente, und zwar wechselseitig. Diese Expats kommen nach mehreren Jahren im Ausland zurück in ihr Land und setzen in ihrem Führungsstil vielfältige Erfahrungen aus anderen Ländern in ihrer täglichen Führung um; sie sind zum Beispiel besser im aktiven Zuhören, wenn sie einige Jahre in Asien waren, oder sie treffen auch mal nicht bis ins allerletzte Detail durchdachte, aber innovative und mutige Entscheidungen, wenn sie einige Jahre in den USA gearbeitet haben.

Wie motivieren Sie Ihre Mitarbeiter? Wie ist die Personalpolitik von Hellmann organisiert?

WIMMER: Mitarbeitermotivation ist in erster Linie Führungsaufgabe. Daher setzen wir die größten Impulse in der Personalentwicklung auf die Entwicklung unserer Führungs- und Nachwuchsführungskräfte auf Grundlage klarer Potenzial- und Kompetenzanalysen. Unsere Personalpolitik war bisher vollständig dezentral organisiert, was vor allem auf das bereits angesprochene schnelle weltweite Wachstum zurückzuführen ist. Human Resources hat aber einen großen Stellenwert im Unternehmen, da es die Mitarbeiter unseres Unternehmens sind, die unsere Dienstleistung vom Wettbewerber differenzieren. Daher haben wir begonnen, HR weltweit aufzustellen. Dabei setzen wir auf eine unternehmensweite HR-Strategie mit regionalen Ausprägungen und Schwerpunkten, um unsere Corporate DNA, also unser Unternehmensleitbild, einheitlich umzusetzen. Dabei werden wir natürlich auch die jeweiligen Landeskulturen berücksichtigen und dies in der Personalpolitik des jeweiligen Landes widerspiegeln.

Messen Sie in regelmäßigen Abständen die Zufriedenheit Ihrer Mitarbeiter und Kunden? Sind diese Messungen vielleicht sogar konzernweit üblich?

WIMMER: Wir stellen uns in den einzelnen Ländern unterschiedlichsten Kunden- und Mitarbeiterzufriedenheitsanalysen. Teilweise organisieren wir dies, wie in unserem Heimatmarkt Deutschland, aus eigener Kraft und aus einer Hand. So hat die Academy, unsere Personalentwicklung im Rahmen unseres Kundenbegeisterungsprogrammes, gemeinsam mit dem Marketing Kundenbefragungen durchgeführt, die jetzt durch eine Mitarbeiterbefragung ergänzt werden. In Polen haben wir gerade mit Hilfe einer weltweiten Beratungsgesellschaft eine Mitarbeiterzufriedenheitsbefragung durchgeführt, in England wiederum in Eigeninitiative des Managements eine zu den „values & behaviours". In Südafrika und im pazifischen Raum hat eine deutsche Diplomandin eine Kundenzufriedenheitsanalyse in Form von Interviews mit den dortigen Top-Kunden durchgeführt und dabei äußerst wertvolle Erkenntnisse gewonnen.

Hellmann Worldwide Logistics sieht sich als ‚learning organization', die die Talente Ihrer Mitarbeiter fördert, um deren Potenziale zu entfalten. Das klingt interessant. Was bieten Sie dabei an?

WIMMER: Die Talentförderung hat für uns höchsten Stellenwert. Wir sind heute bereits sehr engagiert in Initiativen wie zum Beispiel „Jugend denkt Zukunft", wo wir mit

Schulen und Schülern gemeinsam Zukunftsszenarien in Planspielen entwickeln. Unsere Ausbildungsquote steigern wir jährlich deutlich und die Ausbildung haben wir permanent qualitativ verbessert, um Auszubildenden und Studenten in dualen Studiengängen von Beginn an breite persönliche, soziale, unternehmerische, kognitive und methodische Kompetenzen zu vermitteln. In unserem Unternehmen arbeiten in mehreren Ländern permanent viele Studenten und Diplomanden aktiv in Projekten mit, und wir arbeiten wiederum eng mit verschiedenen Hochschulen zusammen. Berufsbegleitende Studien, insbesondere M.A.- und M.B.A.-Studien unserer Top-Talente, werden stark gefördert. Damit verfolgen wir ein Ziel: Als schnelles, flexibles und an den Kundenbedürfnissen ausgerichtetes Familienunternehmen wollen wir uns durch topqualifizierte und begeisterte Mitarbeiter von der Konkurrenz unterscheiden.

Sie haben die Maxime gewählt: „Fürsorge füreinander – Verantwortung miteinander". Ihre Mitarbeiter bezeichnen Sie als „das wichtigste Vermögen von Hellmann", da „nur engagierte Mitarbeiter" den Erfolg sicherten. Steht da das Bestreben nach Kundenzufriedenheit, das auch auf Ihrer Homepage zu finden ist, nicht im Widerspruch zur vorigen Aussage?

WIMMER: Nein, ganz im Gegenteil: Unsere Kunden werden durch unsere Mitarbeiter begeistert. Wir haben in unserer Firmenphilosophie auch deutlich gemacht, dass der Kunde und seine individuellen Bedürfnisse im Mittelpunkt unseres Handelns stehen. Kundenbegeisterung ist das Ergebnis von Mitarbeiterbegeisterung. Dies wollen wir leben, vom Firmeninhaber bis hinunter zum Fahrer und zur Lagerfachkraft.

Welche Länder sehen Sie als Zukunftsmärkte für Hellmann? Welche interkulturellen Herausforderungen könnten dadurch auf Sie zukommen?

WIMMER: In erster Linie ist es natürlich China, wo wir seit Jahren gut aufgestellt sind und überproportional wachsen. Dort, wo unsere Kunden uns brauchen, sind wir auch vor Ort. Aber auch die USA und inzwischen auch wieder Europa wachsen deutlich, und wir werden unsere Anstrengungen in diesen Märkten weiter forcieren. Die interkulturellen Herausforderungen nehmen damit natürlich zu. Wir werden unseren Fokus in der Personalpolitik genau hierauf ausrichten. Als Familienunternehmen versuchen wir, über interkulturelle Unterschiede hinweg unsere Werte einheitlich zu leben, auch bewusst in allen Erdteilen deutlich zu machen, welche Chancen und Vorteile wir als Familienunternehmen haben. So verstanden ist der Aspekt „Familie" unabhängig von kulturellen Unterschieden vermittelbar. Das Familienunternehmen als solches baut Brücken zwischen Kulturen, denn jede Kultur in jedem Land verbindet mit dem Wert Familie etwas Positives, unabhängig von kulturell bedingten Unterschieden in der Rollenverteilung oder Verhaltensmustern der Familienmitglieder. Unsere Führungskräfte und Mitarbeiter erfahren frühzeitig diesen Wert des Familienunternehmens und werden darauf „ausgerichtet".

Inwieweit hat der Gedanke einer Familie Auswirkungen auf den praktischen Alltag? Was ist aus Ihrer Sicht das Besondere, in einem Familienunternehmen zu arbeiten?

WIMMER: Das Besondere eines Familienunternehmens, das Besondere bei Hellmann besteht erstens in der Fähigkeit, sich wirklich in die Bedürfnisse der Kunden hineinversetzen zu können – durch Wendigkeit, durch Reaktionsschnelligkeit, durch aktives Zuhören. Dadurch, dass wir genau verstehen, was der Kunde braucht und gemeinsam nach einer individuellen Lösung suchen, gelingt es uns, ein Massenprodukt zu personalisieren. Zweitens haben wir als Mitarbeiter eines Familienunternehmens eine ganz andere Entfaltungs- und Entscheidungsfreiheit. Die unternehmerische Freiheit kann bei uns jeder – angefangen vom Auszubildenden – wahrnehmen. Es gab beispielsweise Auszubildende, die neue Produktideen maßgeblich mit entwickelt und umgesetzt haben. Ein High Potential entscheidet sich für Hellmann, weil er hier sofort Führungs- und Fachverantwortung bekommt, die er sonst über viele Jahre mühsam über viele Hierarchiestufen hinweg erarbeiten müsste. Ich will Ihnen ein Beispiel geben: Im letzten Jahr haben wir den Zuschlag für ein europäisches Logistikprojekt eines großen Nutzfahrzeugherstellers bekommen. Dieses Projekt wird von einem jungen Projektmanager geführt, der schon als Praxissemester-Student vor dreieinhalb Jahren in einem Großprojekt für einen öffentlichen Auftraggeber Verantwortung übernommen, die komplette Projektkonzeption mit einem Team entwickelt und beim Kunden präsentiert hat. Da war es nur konsequent, dass dieser Student nach seinem Studium als Projektmanager eingestellt wurde und schon nach kurzer Zeit die Projektleitung des Großprojektes für den Nutzfahrzeughersteller übernahm. Von der Konzeption und Angebotsabgabe bis zu den Vertragsverhandlungen und dem Vertragsabschluss und nun zur Implementierung des Projektes steuert er sehr erfolgreich, berichtend an das Board, dieses Großprojekt in Süddeutschland, Paris und Madrid. So gibt es viele konkrete Beispiele dafür, dass Menschen hier frühzeitig Verantwortung übernehmen können und in ihrer Entwicklung gefördert werden. Ich denke da auch an eine BA-Absolventin, die nach einigen Jahren in der Kontraktlogistik seit zwei Jahren bei uns ist, inzwischen mit Mitte 20 als Projektleiterin in großen Kundenprojekten Kundenpräsentationen durchführt und auch auf Top-Management-Ebene verhandelt.

Sie haben mehrmals die Veränderungen angesprochen, die die Globalisierung mit sich bringt. Welche Zukunftschancen oder auch welche Probleme sind damit für das HR-Management verbunden?

WIMMER: Aus meiner Sicht wird das Thema „Employer of choice" oder „Arbeitgeber-Attraktivität" in der Bedeutung stark zunehmen. Einige sprechen auch vom „war for talents". Gemeint ist damit die Frage: Wie stelle ich es an, eine für den Mitarbeiter begeisternde Organisation zu schaffen, um Top-Leute zu gewinnen und zu halten und bei diesen Mitarbeitern Potenziale zu entfalten? Hellmann hat da sehr viel zu bieten. Wir haben weltweit agierende Kunden, die uns immer enger in ihre Wertschöpfungskette einbinden. Das geht sogar so weit, dass wir in Projekten manchmal auch deren Personal übernehmen. Für das HR-Management heißt das, man muss sensibel sein, denn zuweilen gibt es Unterschiede im Verständnis von HR in Deutschland und HR in anderen Kulturen. Manchmal wird HR noch traditionell verstanden als gesetzesumsetzend und administrativ, so wie es vielleicht in dem Wort „Personalwesen" noch mitschwingt. Für mich ist modernes HR weitaus strategischer und enger auf die Kernprozesse eines Unternehmens ausgerichtet als früher. Für mich persönlich ist es ein wichtiges Feedback, wenn Kunden oder Bewerber sagen: „Ich wundere mich, wie tief Sie im Geschäft stecken". Denn aus meiner Sicht kann ich in meiner Rolle als Personalleiter die Unternehmensentwicklung nur fördern, wenn ich weiß, in welcher Richtung sich das Unternehmen entwickelt und entwickeln soll. Und dafür muss ich das Geschäft kennen.

Interview: Maria Sundermann

Foto: Berlin Chemie AG

Dr. Georg Rheinbay

Berlin-Chemie AG:

„Es geht darum, den Menschen gerecht zu werden"

Die Berlin-Chemie AG mit Sitz – der Name verrät es schon – in Deutschlands Hauptstadt entwickelt, produziert und vertreibt pharmazeutische Produkte. Sie ist Teil des weltweit agierenden Menarini-Konzerns, dessen Zentrale in Florenz (Italien) angesiedelt ist. Menarini ist das größte italienische Pharma-Unternehmen, dessen über 11.000 Mitarbeiter in über 100 Ländern zuletzt mehr als zwei Milliarden Euro Umsatz erwirtschafteten. Innerhalb dieses Weltkonzerns spielt die Berlin-Chemie eine bedeutende Rolle. Personalchef Dr. Georg Rheinbay, zuständig für 31 Länder, spricht darüber, wie ein deutsches Unternehmen wie die Berlin-Chemie in einem italienischen Konzern funktioniert.

Die Berlin-Chemie AG ist innerhalb des Menarini-Konzerns in mehr als 30 Ländern Zentral- und Osteuropas sowie Asiens tätig. Welche kulturellen Unterschiede nehmen Sie im täglichen Umgang mit Managern aus anderen Ländern wahr?

RHEINBAY: Die Berlin-Chemie ist kulturell durch die Zugehörigkeit zum Menarini-Konzern mit zentralem Firmensitz in Florenz geprägt. Die Menarini-Gruppe ist nicht börsennotiert – was eine Menge Vorteile mit sich bringt, weil man strategisch ganz anders agieren kann – und als Inhaber-Unternehmen auf eine bestimmte Art prägend. Früher waren wir Teil von Schering, wurden dann nach 1945 aufgrund unserer Lage im damaligen sowjetischen Sektor ein Volkseigener Betrieb. Nach der Wiedervereinigung wurden wir dann von der Deutschen Treuhand übernommen. Beim Fall der Mauer waren hier 2.800 Menschen beschäftigt. 1992 hat uns dann der Menarini-Konzern gekauft, auch um Zugang zu den osteuropäischen Staaten zu bekommen, und heute arbeiten hier über 4.000 Mitarbeiter.
Ostdeutsche Vergangenheit und italienische Mentalität passen sehr gut zusammen. Der Berlin-Chemie kommt damit als Brücke zum Osten eine besondere Rolle zu. Wir betreuen von Berlin aus 30 Länder, unter anderem Russland, die Ukraine, die baltischen Staaten, Weißrussland, und sind eine Art Konzern im Konzern. Ich stehe in engem Kontakt mit meinen italienischen Kollegen. Als ich 1999 zur Berlin-Chemie gewechselt bin, hatte ich bereits 8 Jahre Auslandserfahrung, kannte die Personalentwicklung, sprach Italienisch und war in der Pharmaindustrie heimisch. Zu Anfang habe ich mich um die Weiterbildung gekümmert und Rekrutierungsprozeduren und Mitarbeitergespräche eingeführt, bevor ich 2003 zum Nachfolger des damaligen Personalleiters ernannt wurde. Heute bin ich für 31 Länder zuständig und habe 25 Leute in meinem Team.

Wenn Sie sagen, dass die Berlin-Chemie insbesondere durch die Zugehörigkeit zur italienischen Mutter geprägt ist: Wie kommen Sie mit der italienischen Mentalität zurecht?

RHEINBAY: Italiener sind Italiener – auch in der Wirtschaft. Sie sind nicht dogmatisch, sondern pragmatisch. In Frankreich, den USA oder Japan ist man gewohnt, theoretische Vorgaben zu geben – Leitsätze, Grundprinzipien oder ähnliches, die dann möglichst weltweit ausgerollt werden. Für Italiener ist ein solches Vorgehen undenkbar. Sie sind pragmatisch mit dem Ziel, erfolgreich zu sein. Dafür ist die Kommunikation ganz entscheidend. Den Italienern ist immer bewusst, dass es um Menschen geht. Wenn ich zum Beispiel an Menarini denke, so ist dem Firmeninhaber das Wichtigste, den persönlichen Kontakt zu unseren Kunden, also den Ärzten, zu halten. Er fragt: Wie sieht die Beziehung zwischen Pharmareferent und Arzt beziehungsweise Arzthelferin aus, und zwar nicht nur punktuell, sondern über Jahre hinweg. Klar ist: Beziehungen sind das A und O. Der Glaube an Theorien oder allgemeingültige Techniken sind einem italienischen Unternehmer fremd. Die Basis für Erfolg liegt in der Frage: Wie sieht meine Beziehung zum Mitarbeiter oder Kunden aus? Die Italiener sind auch Meister im Improvisieren. Das passt übrigens sehr gut zur ostdeutschen Mentalität, wo man gewohnt war, aus Nichts etwas Brauchbares zu machen. Und dieser Pragmatismus wird durch die Inhaber-Zugehörigkeit nochmals forciert. Beispielsweise arbeiten börsennotierte Unternehmen nach Kennziffern wie Umsatz pro Mitarbeiter. Das haben wir so nicht. Es geht bei uns nicht darum, irgendwelchen Vorgaben zu genügen, um nach außen hin gut dazustehen. Als Familienunternehmen können wir es uns leisten, eher strategisch und langfristig am Markt zu operieren. Ich will Ihnen ein Beispiel geben. Als im August 1998 die Rubelkrise aufkam, mussten alle ausländischen Pharmafirmen aus dem Markt herausgehen, wollten sie ihre Umsatzvorgaben halten. Nicht so die Berlin-Chemie. Wir waren fest davon überzeugt: Dieser Markt kommt wieder. Über lange Strecken war die Berlin-Chemie der einzige ausländische Pharma-Anbieter, der den Russen die Treue hielt. Die Russen sind auch Patrioten und haben uns dafür gedankt: Heute sind wir Marktführer in Russland.

Ein weiterer wichtiger Unterschied ist, dass jedem Italiener klar ist, dass es Italiener nur in Italien gibt. Die Italiener haben viele Völker erlebt und bereits sehr früh die Erfahrung gemacht: „Die sind anders als wir". Wenn wir jetzt Marketing-Meetings haben, dann ist das gesamte Management hier versammelt und beschäftigt sich im Detail mit den Besonderheiten eines jeden Landes. Ich finde das immer wieder faszinierend. Da wird beispielsweise genau gefragt, wie die Therapiegewohnheiten bei Diabetes in Lettland sind. Welche Rolle spielt der Arzt? Welche Bestimmungen sind bei der Verschreibung zu beachten? Welche Abrechnungsverfahren gibt es dort in der Zusammenarbeit mit den Krankenkassen? Die Italiener sind daher sehr gute Landesführer. Denn sie wissen: Jedes Land ist anders, und man muss flexibel und pragmatisch reagieren.

Machen sich solche Unterschiede auch bei der Mitarbeitermotivation bemerkbar? Wie gelingt es Ihnen, Mitarbeiter zu motivieren? Wird die Personalpolitik des Menarini-Konzerns von Florenz aus gesteuert? Oder steht es der Berlin-Chemie frei, individuelle personalpolitische Maßnahmen zu setzen?

RHEINBAY: Die Strategien für Mitarbeitermotivation sind sehr individuell. In Deutschland wird sehr viel Augenmerk auf die Rekrutierung und die Auswahl des richtigen Personals gelegt. Wir legen Wert darauf, dass es keinen Standesdünkel gibt, dass die Leute hier vom ersten Tag an anpacken und kommunikativ sind. Den Mitarbeitern ist bewusst, dass sie mit unterschiedlichen Kulturen zu tun haben. Mit einer Trefferquote von über 80 Prozent ist uns das über all die Jahre gut gelungen, die richtigen Menschen an Bord zu holen. Das Thema Weiterbildung wird in den Mitarbeitergesprächen thematisiert. Wir schauen uns den Stand der Qualifikation an. Formale Noten spielen weniger eine Rolle. Dann fragen wir: Wo gibt es noch Verbesserungsbedarf oder wo kann einer schon mehr, als er in der Praxis anwenden kann? Dann ist das ein Hinweis, dass dieser Mensch in den Pool für Beförderungen aufgenommen werden kann. Das scheinbar genaue Analysieren anhand von Persönlichkeitstests und Kennziffern kann man in der Praxis gar nicht so detailliert umsetzen. Natürlich gibt es bei uns Weiterbildung, Nachwuchsförderung, Führungskräfteprogramme, wie in allen großen deutschen Unternehmen auch.

Wie wichtig Weiterbildung für den Einzelnen ist, ist auch kulturell beeinflusst. Ich erlebe, dass Weiterbildung insbesondere in Deutschland, dem skandinavischen und angelsächsischen Raum professionell organisiert wird. Und in Deutschland bieten wir das deswegen auch so an. Im romanischen Raum fehlt dafür manchmal das Verständnis. Ich werde dann gefragt: Wieso braucht ihr diese Weiterbildungsmaßnahme? Hättet ihr da nicht von vornherein jemanden einstellen müssen, der das schon kann? Erklären Sie mal einem Italiener, warum Sie einen Mitarbeiter zu einem Kommunikationstraining schicken! Der fragt sich dann: Wieso? Kann der nicht reden? In Deutschland hingegen werden solche Programme aktiv von Kandidaten nachgefragt. Wir bieten daher Führungskräftetrainings, Marketing-Trainings für die erste und zweite Führungsriege übergreifend an. Alle weiteren Maßnahmen werden aufgrund der landesspezifischen Gepflogenheiten entschieden und durchgeführt.

Was halten Sie eigentlich von in regelmäßigen Abständen durchgeführten Erhebungen der Zufriedenheit Ihrer Mitarbeiter?

RHEINBAY: Das ist fast ein philosophisches Thema: Kann ich Mitarbeiter überhaupt motivieren? Es gibt manchmal Hindernisse, da können Sie gar nicht motivieren. Andere wiederum sind motiviert, auch wenn die Rahmenbedingungen schwierig sind. Daher ist es uns wichtig, Menschen zu rekrutieren, die aus einem inneren Antrieb heraus motiviert sind und handeln. Und wir sagen ihnen auch offen, was für ein Umfeld wir bieten. Das heißt zum Beispiel, dass wir eine offene Gesprächsatmosphäre haben, dass man also alles auf den Tisch legen kann. Natürlich möchten wir einen guten Ruf haben, wir müssen aber keine Schau abziehen. Es geht uns nicht darum, zu zeigen, dass die Berlin-Chemie so und so viele Menschen durch Maßnahme XY geschleust hat, und dass wir dafür dann tolle Charts erstellen können. Darauf kommt es nicht an.

Es sind viele kleine Dinge, bei denen Menschen, die ihre Erfahrung mit einbringen, individuell entscheiden, was zu tun ist. Und das bedeutet zweitens, dass Entscheidungswege klar sein müssen. Es darf nicht sein, dass Dinge versanden oder nicht vorwärts bewegt werden können. Ich finde daher auch, dass Führungskräfte wissen müssen, wie Entscheidungswege laufen. Die deutsche Führungskraft ist es gewohnt, detaillierte, schriftliche Vorlagen zu erhalten mit der Möglichkeit, Rückfragen zu stellen. Dann gibt es einen Termin, wo genau festgelegt ist, wer, wann und wo; dann wird diskutiert und in dem Meeting entschieden. Die Ergebnisse werden im Aktionsplan festgehalten, so dass jeder genau weiß, wer macht was bis wann und das auch nachprüfen kann. Eine italienische Führungskraft hat einen ganz anderen Ansatz. Sie hat eine gewisse Scheu vor schriftlichen Vorlagen. Ohne ein begleitendes Gespräch könnte sie wegen einer schriftlichen Vorlage sogar beleidigt sein, denn ohne miteinander gesprochen zu haben, wirkt so etwas arrogant, eingebildet und inkompetent. Denn die italienische Führungskraft weiß, dass alles im Leben komplex ist. Eine Analyse müsste ganz viele Dinge berücksichtigen. Deswegen ist es wichtig, viel im Vorfeld zu kommunizieren, viel abzustimmen. Es wird viel geredet – meist bilateral –, abgewogen, ergänzt, und die wichtigen Personen werden eingebunden. Das heißt, im Idealfall werden all diejenigen eingebunden, die entweder inhaltlich etwas beitragen können und/oder die etwas zu sagen haben. Und das ist nicht immer identisch mit dem Organigramm. In Deutschland bekommt man seine Autorität über die Position im Organigramm. Und die wird auch akzeptiert, und erst wenn der Gegenbeweis erbracht ist, wird Autorität unterminiert. Nicht so im italienischen Unternehmen. Hier ist es total egal, was im Organigramm steht oder welchen Titel jemand hat. Hier ist Autorität mühsam zu erarbeiten. Daher sieht eine italienische Karriere oft so aus, dass jemand im selben Unternehmen bleibt, denn sonst müsste er oder sie ja wieder von vorne anfangen. Ein Italiener achtet also immer darauf, all diejenigen ins Boot zu holen, die Autorität haben, unabhängig davon, ob sie zu einer Sache etwas inhaltlich beitragen können. Ein Meeting ist dann ein gesellschaftliches Ereignis. Die Botschaft lautet: Du bist wichtig, du bist eingebunden. Hier wird aber nicht die Entscheidung getroffen. Das Meeting ist lediglich ein – allerdings wichtiger – Meilenstein auf dem Weg zur Entscheidung. Wenn dann die Entscheidung getroffen wurde, dann ist sie auch valide, weil alle maßgeblichen Personen eingebunden wurden. Und in der Qualität ist sie häufig besser, da alle Aspekte berücksichtigt wurden und das Commitment stimmt.

Wie geben Sie wertvolle und wichtige Erfahrungen weiter? Sie sprechen vom hohen Stellenwert der praktischen Ausbildung bei der Berlin-Chemie. Was meinen Sie damit?

RHEINBAY: Wir bieten dazu interkulturelle Seminare, zum Beispiel auch Deutsch-Russisch, Deutsch-Japanisch oder spezielle Trainings. In zweitägigen Trainings gehen wir auf die Landesgeschichte ein, angefangen von den Römern, über Mussolini, das Wirtschaftssystem, Arbeitgeber-Arbeitnehmer-Beziehungen, Gewerkschaften, bis zum Gehaltssystem, um zu vermitteln, woher bestimmte Verhaltensweisen kommen. Bei der praxisnahen Ausbildung haben wir das Gefühl, dass in Deutschland Hochschulabschlüsse häufig überschätzt werden. Ich habe ein Gesamtbild von dem Bewerber. Einige Arbeitsplätze verlangen ganz spezifisches Know-how. Uns geht es dabei aber noch um mehr. Zum Beispiel um die Frage: Hat jemand sein Studium stringent durchgezogen? Was hat derjenige parallel zum Studium noch gemacht? Das Schulzeugnis spielt praktisch nur mehr beim Ersteinstieg eine Rolle. Danach geht es darum, welche Erfahrungen jemand im Berufsleben gesammelt hat. Wie sehen die Zeugnisse der vorherigen Arbeitgeber aus? Da gibt es keine Korrelation zur Note. Wir akzeptieren auch Quereinsteiger. Entscheidend ist: Jeder hat hier eine Chance, Karriere zu machen. Das hängt einzig und allein davon ab, wie sich jemand an seinem Arbeitsplatz schlägt. Ich gebe Ihnen ein Beispiel. Ein Mitglied unseres Vorstandes hat 1993 als Praktikant bei uns angefangen. Heute ist er Vorstand. Für die praxisnahe Ausbildung bedeutet das, dass die Leute sofort ins kalte Wasser geworfen werden. Wir platzen beim Arbeitsvolumen aus allen Nähten. Da kann sich jeder bewähren. Bei uns braucht keiner einen lückenlosen Weiterbildungsgang, um Karriere zu machen. Wir sagen den Leuten vielmehr, dass sie sich in ihrer Freizeit erholen sollen, egal ob im Sportverein oder bei der Familie zuhause. Weiterbildung halten wir dann für sinnvoll, wenn sie gebraucht wird und umgesetzt werden kann. Und dann machen wir es auch richtig. Dann gibt es maßgeschneiderte Programme. Wenn zum Beispiel eine Sekretärin Englisch lernt, weil sie es im Job braucht, dann finanzieren wir das auch.

Auf Ihrer Homepage bezeichnen Sie Ihre Mitarbeiter als Ihr größtes Kapital, und erst vor kurzem begrüßte die Berlin-Chemie den 4.000. Mitarbeiter. Wie vermitteln Sie Ihren Leuten, dass sie der Schlüssel zum Erfolg sind? Gibt es in Bezug auf Mitarbeiterorientierung etwas, das Sie anders oder besser machen als andere Unternehmen?

RHEINBAY: Die Berlin-Chemie führt keine regelmäßigen Mitarbeiterbefragungen durch. Im Moment ist das kein Thema, weil bei uns der Konsens im Vordergrund steht und der pragmatische Ansatz gut funktioniert. Vor einer Mitarbeiterbefragung muss sich ein Unternehmen selbst fragen: Wie kommuniziere ich das und was bin ich als Unternehmen bereit, mit den Ergebnissen zu tun? Ein Beispiel: Bin ich wirklich bereit, die Gehaltsstruktur zu ändern, oder wie reagiere ich auf einen Kommentar zur Qualität des Kantinenessens? Was mache ich denn, wenn Überstunden thematisiert werden, wenn es schwierig ist, in einem Bereich neue Planstellen durchzubringen? Wir glauben, dass wir sehr nahe an der Belegschaft dran sind. Eine Befragung würde da unnötig Arbeit machen, aber für uns keinen wesentlichen Erkenntnisgewinn bringen.

Sie haben das Thema Planstellen angesprochen. In vielen Unternehmen sind Outsourcing und Stellenverlagerung in Niedriglohnstandorte ein Thema. Wie sieht es da bei der Berlin-Chemie aus?

RHEINBAY: Das ist bei uns kein Thema. Wir bieten hoch spezialisierte Produkte an, die hohe Anforderungen an die Ausbildung, Berufserfahrung oder die Infrastruktur stellen. Wenn wir neue Präparate entwickeln, dann kann man die Wissenschaft nicht „mir nichts dir nichts" ins Ausland verlagern. Berlin ist für uns ein Top-Standort. Hier haben wir ein reiches Reservoir an hervorragend ausgebildeten Menschen mit Hochschulabschluss. Berlin ist ein attraktiver Standort für ausländische Kollegen. Allerdings ist es immer noch nicht ganz einfach für diese Menschen, eine Aufenthaltsgenehmigung zu erhalten, wenn sie von außerhalb der EU kommen. Aber das ist ein anderes Thema. Dann gibt es hier eine gute Infrastruktur, und die Mieten sind vergleichsweise günstig. Es gibt eine Öffnungsklausel im Tarifvertrag, so dass wir hier zu 60 Prozent des westdeutschen Lohnniveaus arbeiten – zieht man die tatsächliche Arbeitszeit, das 13. Gehalt und ähnliche Faktoren in Betracht. Natürlich gibt es eine sukzessive Angleichung bis 2009, aber zur Zeit kann ich sehr gut mit anderen Standorten konkurrieren. Und mit dieser Auffassung stehe ich nicht allein. Menarini hat gerade erst ein Unternehmen in Dresden mit weiteren 249 Mitarbeitern hinzugekauft.
Um noch mal auf das Thema Motivation zurückzukommen: Ich glaube nicht, dass ein technisches Instrument das Allheilmittel sein kann. Es geht um persönliche Kontakte, um die Nähe zum Menschen. Das fängt schon damit an, dass man sich die Namen der Kolleginnen und Kollegen merkt. Man muss Interesse an den Menschen haben. Im August haben wir im Cafe Moskau ein Mitarbeiterfest gefeiert. Und da war natürlich auch unser Vorstandsvorsitzender mit dabei. So etwas registrieren die Menschen, denn das transportiert Wertschätzung. Oder ein anderes Beispiel: Bei vielen meiner Kollegen ist das Thema Frühpension ein wichtiges Thema. Ich sehe nicht ein, warum ich auch nur einen

Cent in die Hand nehmen sollte, damit ein Mitarbeiter vor seinem 67. Lebensjahr das Unternehmen verlässt. Wenn mit Frühpensionierungen oder Altersteilzeit Personalprobleme gelöst werden sollen, dann habe ich meinen Job nicht richtig gemacht – und zwar vorher. Umgekehrt bedeutet das natürlich auch, dass auch noch ein Sechzigjähriger an einer Weiterbildung teilnehmen können muss. Wenn die Arbeitsbelastung zu hoch ist, dann kann ich das aktiv angehen, wenn es Gesundheitsprobleme gibt, kann ich mit einer Rückenschule gegensteuern. In Summe kommt uns das günstiger, und die Leute sind zufriedener, denn die Menschen können davon ausgehen, dass ihre Kompetenz gewürdigt und gefördert wird. Es gibt auch Ausnahmen: Wenn Mitarbeiter in einem Drei-Schicht-Betrieb arbeiten, und das sechs Tage die Woche, Montag bis Samstag, dann kann das mit steigendem Alter eine zu hohe Belastung werden. Dann bieten wir den Menschen an, dass sie andere Dinge für uns tun können. Dann entscheidet sich ein Schichtarbeiter vielleicht dafür, in der Putzkolonne oder im Werkschutz zu arbeiten.

Welche Länder sehen Sie als Zukunftsmärkte für die Berlin-Chemie? Welche interkulturellen Herausforderungen kommen dadurch auf Sie zu und wie gehen Sie damit um?

RHEINBAY: Unser Ziel ist es, in allen Staaten Europas präsent zu sein. In anderen Staaten, wie den USA oder Japan, gibt es Kooperationspartner. Wir fokussieren uns primär auf die Kontinente Europa und Asien. In Europa gibt es einige wenige letzte weiße Flecken auf unserer Landkarte, wo wir gern aktiv werden möchten: Mazedonien, Norwegen, Schweden, Island. Umsatz spielt dabei kurzfristig keine so große Rolle. Wir sehen eher den langfristigen strategischen Vorteil. Denn wenn wir überall in Europa mit Niederlassun-

gen vor Ort sind, dann sind wir für viele andere ein sehr interessanter Partner. Es wird auch nach wie vor viele Mitarbeiter geben, die kein interkulturelles Wissen brauchen. Bei den Schlüsselpositionen jedoch sieht das ganz anders aus. Führungskräfte müssen wissen, wie man international miteinander umgeht. Allerdings gibt es bei uns weniger Entsendungen, denn in den einzelnen Ländern werden die Positionen meist durch Einheimische besetzt.
Zusammenfassend möchte ich sagen, dass es wichtig ist, ein Bewusstsein dafür zu entwickeln, dass jedes Land anders ist. Das dürfen wir nicht unterschätzen. Den Wunsch nach einem weltweiten, einheitlichen Verständnis, also einer einheitlichen Weltkultur, habe ich nicht. Aus meiner Sicht geht es eher um den Umgang mit der tatsächlichen Vielfalt der Kulturen. Dabei sollte man die kulturelle Vielfalt nicht überspielen oder mit einheitlichen, globalen Instrumenten zu beantworten versuchen. Es geht immer wieder darum, den Menschen in ihrer besonderen Situation und vor ihrem besonderen Hintergrund gerecht zu werden. Dazu ist viel Sensibilität nötig, und das ist aus meiner Sicht eine permanente Aufgabe.

Interview: Maria Sundermann

Foto: EUCUSA GmbH

Frank Pellmann

Balda AG:

„Es ist wichtig, dass wir aufeinander zugehen"

Seit Jahren steht der Name Balda für hochwertige Kunststoffkomponenten. Das 1908 in Dresden gegründete Unternehmen begann mit der Erzeugung hochwertiger Kameras. Nach der Verlagerung der Kameraproduktion nach China zielt Baldas Strategie heute, fast genau 100 Jahre nach seinem Start, auf die Wachstumsmärkte Infocom, Automotive und Medizintechnik in aller Welt. Für Baldas Personalleiter Frank Pellmann ist der Schlüssel zum Erfolg der Firma mit Sitz in Bad Oeynhausen (Bundesland Nordrhein-Westfalen) nicht allein die Strategie, sondern deren Umsetzung in überlegene Prozessleistungen.

Die Balda AG ist mit über 8.000 Mitarbeitern in Deutschland, China, Brasilien, Malaysia und Ungarn vertreten. Das sind doch zum Teil sehr ferne Länder mit ganz unterschiedlichen Kulturen?

PELLMANN: Ich stehe als Personalleiter natürlich auch mit den Kollegen im Ausland in sehr engem Kontakt. Dazu muss man wissen, dass Balda im Jahr 1999 nur 250 Mitarbeiter hatte, während wir heute mit 8.500 Mitarbeitern weltweit vertreten sind. Ich selbst war Ende März in Indien, wo wir zurzeit dabei sind, einen neuen Standort aufzubauen. Einige Schlüsselpositionen sollen dort von Deutschland aus besetzt werden. Für uns ist es daher wichtig, wenn wir Mitarbeiter ins Ausland entsenden, ihnen auch sagen zu können, was genau sie dort in Hinblick auf Klima, Landschaft, Menschen, Essen usw. erwartet.

Welche kulturellen Schwierigkeiten haben Sie im Umgang mit Managern zum Beispiel aus Indien oder China?

PELLMANN: Wenn ich an China denke, kommt mir in den Sinn, dass es dort viele Menschen gibt, dass die Chinesen hervorragend darin sind, Dinge zu kopieren, dass aber viele Menschen dort leider noch keine qualifizierte Ausbildung besitzen, dass es dort immer sehr, sehr sauber ist, und dass die Kommunikation anders ist als hier. Die meisten Menschen sprechen kein Englisch, und man kann nie sicher wissen, ob ein „Ja“ auch dann noch Bestand hat, wenn man sich umdreht.
In Indien habe ich andere Erfahrungen gemacht. Fast alle Menschen sprechen dort Englisch, viele Mitarbeiter sind hoch qualifiziert und verfügen über ein Diplom oder einen anderen Hochschulabschluss. Auffällig ist für mich der Gegensatz, dass Indien auf der einen Seite ein Hochtechnologieland ist, und auf der anderen Seite sind die Hygienestandards und Gewohnheiten ganz anders als bei uns. Bei-

spielsweise hat mich ein Geschäftspartner zum Essen eingeladen, und es ist dort ganz normal, mit der Hand zu essen. An viele Dinge muss man sich als Europäer erst gewöhnen. Bevor wir Kollegen entsenden, möchten wir ihnen deshalb die Gelegenheit geben, dass sie vorab zwei bis vier Monate ins Land gehen, um dort zu leben. Warum so lange? Am Anfang sind alle „heiß“ auf das neue Land. Denn bei einem kurzen Aufenthalt ist es häufig so, als ob man auf Urlaub geht: Man wird von Kollegen eingeladen, schaut sich diesen oder jenen Tempel an, macht einen Ausflug usw. Es ist immer was los. Bei einem Aufenthalt von zwei bis vier Monaten ist das anders. Erst dann kann einer sagen: „Ja, ich will dahin“, oder „Ich will nicht“. Insgesamt nimmt das Thema Entsendung deutlich zu. Allein in Indien sind vier bis fünf Schlüsselpositionen zu besetzen. In China, Brasilien, Ungarn und Malaysia haben wir die Position des CFO oder auch des COO mit Hilfe von Entsendungen besetzt. Oft sind das natürlich Deutsche, aber nicht immer.
Unsere Erfahrungen geben wir in interkulturellen Trainings weiter. Das machen wir seit zwei Jahren. Asien ist unser Schwerpunkt. Man muss auch sehen, dass wir uns das alles in wenigen Jahren erarbeiten mussten. Wir haben an der einen oder anderen Stelle auch unser Lehrgeld bezahlen müssen. Nicht jede Entsendung war von Anfang an immer ein voller Erfolg. Man braucht eine Menge Fingerspitzengefühl im Umgang mit anderen Kulturen. Inzwischen sind einige Kollegen, die entsendet wurden, wieder zurückgekehrt und reintegriert. Ein 58-jähriger Werkzeugmacher, beispielsweise, wollte ins Ausland, sprach kein Englisch, und jetzt ist er wieder da, spricht fließend Englisch und ist begeistert. So etwas steckt natürlich an. Die Menschen sprechen über ihre Erfahrungen, und das fördern wir auch. Auf Managementebene treffen sich die internationalen Führungskräfte in regelmäßigen Abständen für drei bis vier Tage, um sich aus-

zutauschen. Auf den Technology Days haben alle Führungskräfte aus dem technischen Umfeld – wir sprechen da über 50, 60, 70 Personen – die Gelegenheit, sich besser kennen zu lernen und Erfahrungen auszutauschen. Dasselbe gilt natürlich für unsere Kollegen aus dem Sales-Bereich. Unsere Key Accounter treffen sich ein bis zwei Mal im Jahr irgendwo auf einem der Kontinente. Balda ist ein internationales und globales Unternehmen geworden, und das müssen wir auch sein, denn unsere Kunden wie Siemens, Sony Ericsson, Motorola und Nokia, um nur einige Namen zu nennen, verlangen von ihren Lieferanten, dass sie in der Lage sind, auch international zusammen zu arbeiten.

Und warum sind Sie gerade in diese Länder gegangen, in denen Sie jetzt so aktiv sind? Spielen da nicht vor allem Kostengesichtspunkte eine Rolle?

PELLMANN: Ja, aber nicht nur. In China beispielsweise leben ca. 1,3 Milliarden Menschen, in Indien 1,1 Milliarden. Da ist es sinnvoll, auch für den regionalen Markt zu produzieren. Es gibt zwar auch Armut in diesen Ländern, aber auf der anderen Seite sieht man fast jeden Inder mit einem Mobiltelefon telefonieren, manche haben sogar zwei. Und für viele ist das Handy inzwischen zum Statussymbol geworden. Wir gehen dahin, wo der Kunde ist, und wir produzieren das, was der Kunde will.

Gerade in der Automobilzulieferindustrie sind die Qualitätsanforderungen sehr hoch. Spielen Zertifizierungen für Sie dabei eine Rolle?

PELLMANN: Ja, unbedingt! Wir haben eine ganze Reihe von Zertifizierungen. Das beweist, dass alle Standorte nach denselben Prozessen arbeiten, und das wird auch kontrolliert. Wir produzieren Oberflächenteile, da müssen die Optik und die Qualität schon stimmen. Das erreicht man nur durch einheitliche Prozesse.

In einigen Zertifizierungen und Qualitätsrichtlinien, wie zum Beispiel bei EFQM oder VDA 6.1, spielen auch Mitarbeiterbefragungen eine große Rolle. Wie motivieren Sie Ihre Mitarbeiter? Ist die Personalpolitik der Balda AG eher zentral oder dezentral organisiert? Wie frei sind die einzelnen Standorte in ihren personalpolitischen Entscheidungen?

PELLMANN: In Deutschland haben wir schon Mitarbeiterbefragungen durchgeführt, aber nur sporadisch. Wir wollten wissen, wie die Integration und das Wachstum in der Geschwindigkeit von der Basis wahrgenommen werden. Wir haben 1999 einen Umsatz von 15 bis 20 Mio. Euro gehabt, 2005 waren es bereits 397 Mio. Euro, und bis 2010 planen wir über eine Mrd. Euro Umsatz zu machen. So ein Erfolg ist nur möglich, wenn die Mitarbeiter an Bord sind, denn die tägliche Arbeit muss immer noch die Mannschaft machen. Die Führungskräfte spielen dabei natürlich eine wichtige Rolle. Die Top-Ebene wird meist noch aus Deutschland rekrutiert, das ist ein zentrales Thema. Es gibt Zielvereinbarungsgespräche, Regeln für die Behandlung von Expatriates, so dass jeder weiß, was er erwarten darf und was er zu tun hat. Für die Menschen ist es wichtig zu wissen, ob man sein Golfticket bezahlt bekommt oder nicht, oder ob man erste oder zweite Klasse reisen darf.
Die Besetzung der nachfolgenden Ebenen erfolgt dann eher dezentral. Es hat ja auch Sinn, wenn ein Buchhalter oder eine Sekretärin für Suzhou nicht aus Bad Oeynhausen kommt. Wir schulen unsere Führungskräfte und machen auch Team-Building-Maßnahmen, damit alle an einem Strang ziehen. Erst kürzlich waren wir in Österreich und haben Iglus gebaut – jede Region ihr eigenes, ein europä-

isches, ein amerikanisches, ein asiatisches, und die haben wir zu einem Balda-Gesamtgebäude zusammengesetzt. Wir tun viel für die Mitarbeitermotivation und wir schauen auch auf die jeweilige Fluktuationsrate in den Ländern. Aber manchmal vergleicht man auch Äpfel mit Birnen. In Asien, beispielsweise, ist der Krankenstand eher niedrig, aber das liegt auch daran, dass dort der Mitarbeiter keine Zuschläge erhält, wenn er krank ist. Und zwar nicht, weil Balda keine Zuschläge zahlt, sondern weil das dort so üblich ist, alle machen das so. Also überlegt man sich vielleicht einmal mehr, ob man bei Kopfschmerzen zu Hause bleibt oder nicht.

Die Balda AG setzt eine Vielzahl von Aktivitäten, um die Potenziale ihrer Mitarbeiter zu entfalten. Auf Ihrer Homepage wird unter anderem ein „Staff Education Programme" erwähnt. Worum handelt es sich dabei?

PELLMANN: Das „Staff Education Programme" ist eine Art Vorläufer der Balda Academy. In dieses Programm werden High Potentials aufgenommen, die besonders förderungswürdig sind. Wir bieten dort verschiedene Schulungsmodule an, die sowohl fachliche Themen abdecken als auch die Soft Skills der Führungskräfte stärken. Das „Staff Education Programme" erstreckt sich über zwölf bis 18 Monate und bereitet den Teilnehmer auf weitergehende Führungsaufgaben vor.

Der Mensch steht bei Ihnen im Vordergrund. Wie stellen Sie sicher, dass jeder weiß, was wichtig ist? Sie wurden für Ihre herausragenden Leistungen im Personalmanagement als „Top Arbeitgeber" ausgezeichnet. Was, glauben Sie, sind die Gründe dafür?

PELLMANN: Zum einen ist es für uns ganz wichtig, die Menschen zu informieren, was gerade läuft. Dazu gibt es jeden

Mittwoch eine Mitarbeiterinformation, wo in den Gruppen regelmäßig und darüber hinaus natürlich auch im Rahmen einer Betriebsversammlung kommuniziert und besprochen wird, wo die Reise hingeht und was gerade aktuell und wichtig ist. Das wird schon seit vier bis fünf Jahren so praktiziert, und sowohl der Betriebsrat als auch die Mitarbeiter sehen das sehr positiv. Bei Balda haben wir eine offene Kommunikationspolitik. Als börsennotiertes Unternehmen sind wir es ohnehin gewohnt, Vieles öffentlich zu publizieren. Ergänzend dazu gibt es die Mitarbeiterzeitung, in der wir wichtige Dinge für die Belegschaft aufgreifen. Dass wir zu den Top-Arbeitgebern gehören, verdanken wir meiner Meinung nach, neben der offenen Kommunikationspolitik, auch dem Schulungsangebot und der Einführung variabler Vergütungssysteme. Hier bei Balda haben die Menschen die Chance, sich zu entwickeln. Das bedingt aber auch, dass, wenn wir heute Leute einstellen, diese motiviert und offen dafür sein sollen, für eine gewisse Zeit in andere Länder zu gehen.

Balda steht nach eigener Aussage für eine „kompromisslose" Kundenorientierung. Steht dieser Grundsatz Ihrer Meinung nach nicht im Widerspruch zu Mitarbeiterorientierung?

PELLMANN: Nein, natürlich nicht. Jeder muss wissen, dass es den Mitarbeitern nur gut geht, wenn die Kunden zufrieden sind. Und das bedeutet, dass wir heute mehr denn je kundenorientiert arbeiten müssen. Dazu gehört eine starke Kommunikation. Wenn wir beispielsweise für ein Kundenprojekt im Drei-Schicht-Betrieb oder sieben Tage über Ostern arbeiten müssen, dann ist es wichtig, zu kommunizieren, wieso, weshalb, warum. Und wenn man das tut, dann versteht der Mitarbeiter das auch, und dann macht auch der Betriebsrat mit. Und langfristig ist genau das dann die Basis für eine Weiterentwicklung der Mitarbeiter.

Welche Länder sind für Balda die Zukunftsmärkte? Und wie werden Sie mit den interkulturellen Herausforderungen umgehen, die dann auf Sie zukommen?

PELLMANN: In Asien sehen wir ganz klar einen Schwerpunkt. Indien ist neu hinzugekommen, in China haben wir mittlerweile Standorte in Suzhou und Peking. Und in Malaysia gibt es ein Werk, von dem ich glaube, dass es strategisch noch wichtiger werden kann. Denn in China gibt es auch Risiken, wie beispielsweise die Vogelgrippe. Die Region Südamerika kann für uns noch interessanter werden. Mexiko könnte aufgrund der Bevölkerungsdichte und der Nähe zum Kunden ein Thema sein. Klar ist, dass Balda in der nahen Zukunft stärker im Ausland als in Deutschland wachsen wird. In Europa haben wir zurzeit 2.500 Mitarbeiter, in Asien 6.000. Es gibt Ansätze, dass Projekte verlagert werden könnten, aber Balda ist sehr gut aufgestellt, so dass wir die Standorte in Deutschland werden behalten können. Internationalisierung und Globalisierung sind für Balda heute sehr wichtig. Nur wenn wir international tätig sind, können wir die deutschen Standorte halten. Unsere Kunden arbeiten nur mit international agierenden Unternehmen zusammen. Darauf müssen wir uns einstellen, da müssen wir mithalten und mit den Anforderungen mitwachsen können. Und das, glaube ich, ist uns in den letzten drei bis fünf Jahren sehr gut gelungen.

Die Globalisierung bringt aber auch ganz neue Anforderungen an das Human Ressource Management mit sich. Wo sehen Sie in naher Zukunft die größten Herausforderungen für Balda?

PELLMANN: Es wird immer mehr darauf ankommen, dass es gelingt, verschiedene Kulturen erfolgreich zusammen zu bringen. Wir müssen Fach- und Führungskräfte weiter qualifizieren und versuchen, sie dahingehend zu sensibilisieren, dass wir für kulturelle Unterschiede mehr Verständnis aufbringen. Das ist ja manchmal hier schon regional schwierig, wenn beispielsweise ein Ostwestfale auf einen Bayern trifft – schon da gibt es große Unterschiede. Wenn wir weltweit zusammenarbeiten, ist es wichtig, dass wir aufeinander zugehen. Und das ist ein permanenter Prozess. Als gemeinsame Grundlage werden die Balda-Werte, die wir gerade überarbeiten, gelten. Sie werden eine wichtige Orientierungshilfe und auch ein Instrument sein, um in einem global und international tätigen Unternehmen weiterhin erfolgreich zu sein und weiter zu wachsen.

Interview: Maria Sundermann

Foto: EUCUSA GmbH

Melanie Tönsmann
Daniela Naeve

Schenker Deutschland AG:

„Es fängt damit an, dass man sich mit dem Vornamen anspricht"

Schenker ist einer der weltweit führenden integrierten Logistikdienstleister. Das Unternehmen beschäftigt weltweit 42.000 Mitarbeiter und ist an rund 1.100 Standorten auf allen Kontinenten vertreten. Melanie Tönsmann, Leiterin der Personalentwicklung der Schenker Deutschland AG, und ihre Kollegin Daniela Naeve beantworten Fragen über die personellen und kulturellen Besonderheiten ihres Unternehmens.

Inwieweit erfordert Ihr Verantwortungsbereich Kontakte mit anderen Kulturkreisen? Welche kulturellen Unterschiede nehmen Sie im täglichen Umgang mit Managern aus anderen Ländern wahr? Haben Sie selbst bereits persönliche Erfahrungen im interkulturellen Umfeld gemacht?

TÖNSMANN: Die Schenker Deutschland AG ist in ihrer Ausrichtung international. Wir sind im ständigen Kontakt mit unseren ausländischen Landesgesellschaften und haben damit viele Berührungspunkte mit dem Thema Interkulturalität. Zum Beispiel gibt es ein länderübergreifendes Trainee-Programm, an dem die Niederlande, die Schweiz, Belgien und Luxemburg teilnehmen. Bei den internationalen Austauschaktivitäten stimmen wir uns im Personalbereich nicht nur in unseren Trainee-Programmen sehr eng ab. Dabei nehme ich durchaus kulturelle Unterschiede wahr: Es fängt damit an, dass man sich in den Meetings auf internationaler Ebene beispielsweise mit dem Vornamen anspricht.

NAEVE: Im Augenblick starten wir ein neues internationales Programm mit dem Namen „SCHENKERimpact". Das ist ein weltweit angelegtes Austauschprogramm, bei dem die Mitarbeiter für drei bis sechs Monate in ein anderes Land gehen und dabei ihr eigentliches Aufgabengebiet behalten. So haben sie die Gelegenheit, interkulturelle und fachliche Erfahrungen zu sammeln und wissen gleichzeitig, dass sie an ihren Arbeitsplatz zurückkommen können. Dieses Programm richtet sich vor allem an Kollegen, die bereits in ihrer täglichen Arbeit Kontakt zum Ausland und zu anderen Kulturen haben. Wir haben dabei unter anderem Standorte in Asien, wie Hongkong oder China, im Fokus. Natürlich gab es bei Schenker immer schon die Möglichkeit, ins Ausland zu gehen. Diese Auslandseinsätze wollen wir jetzt sinnvoll ergänzen. Im Idealfall kommt es sogar zu einem Eins-zu-eins-Austausch, so dass man hier nicht nur im Ausland wertvolle Erfahrungen sammeln kann, sondern es auch gelingt, die internationale Seite nach Deutschland zu bringen. Das Feedback von Schenker-Mitarbeitern, die Erfahrungen in einem anderen Land machen konnten, ist sehr positiv.

Wie werden solche interkulturellen Erfahrungen in Ihrem Konzern weitergegeben? Gibt es ein spezielles Training, das Mitarbeiter auf ihren Auslandseinsatz vorbereitet?

NAEVE: Es gibt bei Schenker ein groß angelegtes Weiterbildungsprogramm, in dem wir einerseits Fachkompetenzen vermitteln, andererseits aber auch die Sozialkompetenz stärken. Neu dabei sind interkulturelle Management-Trainings, in denen wir Sensibilität und Verständnis für kulturelle Unterschiede schaffen und auf mögliche Stolpersteine aufmerksam machen. Die Botschaft lautet: „Durch gegenseitiges Verständnis, Offenheit und Neugier zum Miteinander." Interessant ist, dass auch Führungskräfte, die bereits viele Jahre interkulturelle Erfahrungen bei uns gesammelt haben, wie zum Beispiel Trade Lane Manager, die solche Seminare fast schon selbst moderieren könnten, auch auf uns zukommen und teilnehmen möchten, weil sie immer noch interessiert sind, etwas dazu zu lernen. Inhalt dieser Trainings ist die interkulturelle Vorbereitung auf den Auslandseinsatz oder auf die Geschäftsreise in einem speziellen Land, mit Schwerpunkt auf den asiatischen Raum. Hier geht es dann beispielsweise um unterschiedliche Denk- und Verhaltensweisen, Erkennung von möglichen Konfliktfeldern und den Umgang damit.

TÖNSMANN: Bei Schenker gibt es ein internationales Entwicklungsprogramm für Führungskräfte. Teilnehmer aus den verschiedensten Nationen kommen für einige Tage zusammen und werden trainiert, lernen sich näher kennen.

Davon profitieren alle, das merkt man auch an der erleichterten Themenbearbeitung nach solchen Veranstaltungen. Dann geht plötzlich Vieles schneller und leichter.

In welchen Sprachen kommunizieren Sie bei Schenker?

NAEVE: Die Firmensprache von Schenker ist Englisch. Unsere Mitarbeiter sprechen alle Weltsprachen. Ansonsten kommt es darauf an, wer gerade mit wem zu tun hat. Wenn zum Beispiel ein LKW-Fahrer vor Ort in einem Land ist, dessen Sprache er nicht spricht, verständigt er sich auch mit Mimik und Gestik. Das funktioniert, weil das Thema ja klar ist und man weiß, worum es geht.

Sie haben erwähnt, dass das Feedback der Mitarbeiter auf die kulturellen Austauschprogramme positiv ist. Ich kann mir vorstellen, dass so etwas auch die Motivation fördert. Wie motivieren Sie Ihre Mitarbeiter?

TÖNSMANN: Fakt ist, dass die meisten Mitarbeiter bei Schenker von sich aus motiviert sind. Unsere Mitarbeiter können zum Teil auf 30 bis 40 Jahre Betriebszugehörigkeit zurückschauen. Dass ein Kollege hier sein 40. Dienstjubiläum feiert, ist kein Einzelfall. Bei Schenker gibt es so vielseitige Einsatzmöglichkeiten, dass man 40 Jahre dabei sein kann und trotzdem die verschiedensten Aufgaben in den verschiedensten Ländern wahrgenommen hat. Hinzu kommt, dass Schenker dezentral organisiert ist. Das setzt ein hohes Maß an Eigenverantwortung in allen Funktionen voraus, bedeutet aber auch, dass Entscheidungen schnell getroffen werden und jeder Mitarbeiter aktiv gestalten kann. Das motiviert. Die Idee dahinter ist, die Mitarbeiter zu fordern und zu fördern. Eine besondere Rolle spielen dabei natürlich die Vorgesetzten. Ein wichtiger Schwerpunkt liegt deshalb bei uns auf der Führungskräfteentwicklung. Mitarbeitergespräche sind ein wichtiges Führungsinstrument. Wir bieten den Führungskräften im Vorfeld Schulungen an, in dem u. a. das Thema „Wie führe ich Mitarbeitergespräche, worauf ist zu achten?“ besprochen und vermittelt wird.

NAEVE: Die Mitarbeiter honorieren, dass sie sich weiterentwickeln können. Wir bieten bei Schenker eine Vielzahl an Personalentwicklungsprogrammen für unterschiedliche Zielgruppen, zum Beispiel „Youngster Professional“ im Anschluss an die Berufsausbildung, über den „Schenker Betriebswirt“, ein Studium in Kooperation mit der Verwaltungs- und Wirtschaftsakademie, mit dem wir sehr gute Erfahrungen gemacht haben, bis hin zur „Task Force“, einem Vorbereitungsprogramm für zukünftige Geschäfts-, Niederlassungs- oder Zentralabteilungsleiter. Hier geht es auch um aktive Projektarbeit, so dass wichtige Skills bereits praxisbezogen erworben werden. Ich kann mich bei Schenker von der Berufsausbildung bis zur Geschäftsleitung entwickeln. Unser neuer Vorstand für Systementwicklung hat beispielsweise bei uns vor vielen Jahren als Mitarbeiter im Controllingbereich begonnen, mehr und mehr Verantwortung übernommen, unter anderem das Programm Task Force durchlaufen, bevor er im Mai diesen Jahres zum Vorstand bestellt wurde. Wenn man sich bei Schenker entwickeln möchte, dann hat man auch die Möglichkeiten dazu.

Ich kann mir vorstellen, dass Ihre Mitarbeiter darüber recht glücklich sind. Aber wissen Sie denn genau, wie die Menschen bei Schenker ihre Situation wahrnehmen? Erheben Sie beispielsweise in regelmäßigen Abständen die Zufriedenheit Ihrer Mitarbeiter?

NAEVE: Wir arbeiten u. a. nach dem EFQM-Modell. Und da gibt es natürlich einen ganz klaren Bezug zum Thema Mitarbeiterbefragung. In Deutschland haben wir bei Schenker einen Fragebogen entwickelt und bereits einige Pilotprojekte dazu aufgesetzt. Im kommenden Jahr weiten wir die Befragung weiter aus.

TÖNSMANN: Die größte Herausforderung bei einer Mitarbeiterbefragung ist die Umsetzung der Maßnahmen im Anschluss daran. Die eigentliche Arbeit beginnt also erst, wenn die Ergebnisse der Befragung auf dem Tisch liegen. Auch hier sind wieder die Führungskräfte gefragt. Haben die Mitarbeiter den Eindruck, dass die Ergebnisse einer Befragung danach in der Schublade verschwinden, werden sie sich nie wieder daran beteiligen. Deshalb bereiten wir die Auswertung der Befragung sehr umfassend vor. Dabei helfen uns die Ergebnisse aus den Pilotgeschäftsstellen, in denen die Befragung bereits durchgeführt wurde.

Schenker setzt eine Vielzahl von Aktivitäten, um die Potenziale der Mitarbeiter zu entfalten. Auf Ihrer Homepage werden unter anderem internationale Karrieremöglichkeiten und ein Potenzialerhebungsverfahren erwähnt. Was verstehen Sie darunter?

TÖNSMANN: Diese beiden Dinge gehören aus meiner Sicht zusammen. Potenzialanalysen sind wichtig. Sowohl für den Mitarbeiter, der sich entwickeln möchte, als auch für das Unternehmen, das die Besetzung von wichtigen Funktionen sicherstellen muss. Wir führen zum Beispiel im Vertrieb Potenzialseminare durch, an denen Mitarbeiter teilnehmen, die sich von einer operativen Funktion in den Vertrieb entwickeln möchten. Im Seminar werden dann Stärken und Entwicklungspotenziale aufgezeigt. Im Anschluss erhält der Mitarbeiter einen entsprechenden Entwicklungsplan. Hier können Maßnahmen „on the job" vorgeschlagen werden, wie zum Beispiel die Begleitung eines erfahrenen Vertrieblers beim Kunden oder die Teilnahme an ausgewählten Seminaren.

„Customer Satisfaction is a key word at Schenker" ist ebenfalls ein Satz, der auf Ihrer Homepage zu lesen ist. Steht Ihrer Meinung nach Kundenorientierung im Widerspruch zu Mitarbeiterorientierung?

TÖNSMANN: Kunden- und Mitarbeiterorientierung gehören zusammen. Unser Potenzial sind die Mitarbeiter, die den Kundenkontakt haben. Schenker bietet den Kunden innovative und maßgeschneiderte Lösungen an. Unser Produkt ist in erster Linie der Service, den jeder einzelne von uns bietet. Die Frage, die wir uns dabei immer wieder stellen, lautet: „Wie können wir es schaffen, den Kunden noch erfolgreicher zu machen?" Ich möchte Ihnen ein Beispiel geben: Bei SCHENKERart übernehmen wir hochwertige Kunsttransporte aller Art. Kunstwerke sind hochsensibel und müssen beim Transport besonders geschützt werden. Aber wie macht man das am besten? Irgendwann ist ein Schenker-Mitarbeiter auf die Idee gekommen, eine Klimazonenbox zu entwickeln, in der das ursprüngliche Klima und die Luft aus dem Museum gemeinsam mit dem Kunstwerk eingeschlossen und transportiert werden. Heute ist das Standard.

NAEVE: Unsere Mitarbeiter haben sehr gute Ideen! Daraus entstand beispielsweise unser Innovationstag, bei dem Mitarbeiter aufgerufen werden, innovative Ideen einzureichen. Das Ergebnis kommt immer unseren Kunden zugute. Die Kundenzufriedenheit wird erhoben, indem wir nach der Zufriedenheit mit unserer Qualität fragen.

Bei einem Logistikunternehmen liegt es nahe, die bekannte Umgebung zu verlassen und sich auf die Reise zu begeben. Welche interkulturellen Herausforderungen kommen dadurch auf Sie zu und wie gehen Sie damit um? Welche Märkte betrachten Sie als künftige Chance für Schenker?

NAEVE: Weiterhin natürlich China und Osteuropa, wo wir bereits seit über 20 Jahren ansässig sind und zweistellige Wachstumsraten erzielt haben. In China sind wir beispielsweise bereits an 27 Standorten mit 37 Büros und über 1.500 Mitarbeitern vertreten. Hier kommen dabei ganz besondere Anforderungen auf das Human Resources-Management (HR) zu. Ich selbst habe einige Jahre in Shanghai gearbeitet. Dort haben wir pro Jahr über 100 neue Mitarbeiter eingestellt. Dies ist eine große Herausforderung, angefangen von der Personalauswahl über die Interviews, die Integration und das Schaffen der Identifikation mit dem Unternehmen. Das HR hat vorqualifiziert, und die Abteilungsleiter haben die Bewerbungsgespräche geführt und die Auswahl getroffen. Die Newcomer-Trainings haben wir monatlich veranstaltet, um gleich mehrere Newcomer zusammen zu fassen.

Sie haben also beide einige Zeit im Ausland gearbeitet. Wenn Sie an diese Zeit zurückdenken, welche kulturellen Unterschiede sind Ihnen persönlich am meisten aufgefallen? Irgend etwas, das anders ist, als wir es gewohnt sind?

NAEVE: Ich persönlich habe am Anfang die Sprachprobleme unterschätzt. Ich habe geglaubt, mit Englisch kommt man überall zurecht. Das ist nicht immer der Fall gewesen. Ich habe daraufhin angefangen, etwas Chinesisch zu lernen und habe dafür von den Chinesen sehr viel Freundlichkeit erlebt. Darüber hinaus fand ich beeindruckend, mit welchem Tempo China wächst und wächst. Zum Teil passen sich Verhaltensweisen dort an europäische Gepflogenheiten an. Wenn man aber etwas tiefer schaut, so unterscheiden sich chinesische Werte deutlich von europäischen. Positiv aufgefallen ist mir, mit welchem Respekt die Chinesen älteren Menschen begegnen. In China ist es völlig normal, dass mehrere Generationen unter einem Dach leben, was bei uns erst wieder neu entdeckt wird. Ältere Menschen sind Teil des Lebens, sie gehören zum Stadtbild, treffen sich auf den Straßen und Plätzen und haben oft strahlende Gesichter. Mich haben die Chinesen mit sehr viel Freundlichkeit und Geduld empfangen. Außerdem: Geschäfte macht man, indem man so verhandelt, dass beide Parteien ihr Gesicht wahren können. Das ist ganz wichtig.

TÖNSMANN: Ich habe einige Zeit in den USA gearbeitet. Das Personalwesen arbeitet dort anders, schon allein wegen der strengen Antidiskriminierungsgesetze. Dort muss man ganz genau aufpassen, welche Fragen man etwa im Einstellungsinterview stellt; persönliche Fragen sind tabu. Bei Bewerbungen ist es nicht üblich, ein Bild beizulegen und sein Alter anzugeben. Der Umgang erschien mir persönlicher als in Deutschland. Wenn man mit jemandem beruflich eng zusammenarbeitet, dann will man sich auch persönlich kennen lernen.

Wenn Sie an das Thema „Mitarbeiterzufriedenheit im interkulturellen Umfeld" bei Schenker denken – was ist für Sie das Wichtigste in Bezug auf dieses Thema?

TÖNSMANN: Bei Schenker hat jeder zahlreiche Möglichkeiten, die er wahrnehmen kann, aber nicht muss. Dazu gehören Personalentwicklungsmaßnahmen, Karriereplanung und auch die Chance, ins Ausland zu gehen. Allerdings muss man sich selbst bewegen. Man muss selbst die Initiative ergreifen, wenn man diese Angebote in Anspruch nehmen möchte.

NAEVE: Ja, bei Schenker ist vieles möglich. Die ganze Welt steht einem offen. Ich durfte das selbst erleben. Und das war und ist für mich eine schöne Erfahrung. Wir bei Schenker sind wie eine große weltweite Familie.

Interview: Maria Sundermann

Foto: Oswald M. Klotz

Thomas M. Grömer

Aiya GmbH:

„Der Unterschied ist, dass es Japanisch ist"

Die altehrwürdige Firma Aiya Co. Ltd. ist ein mittelständischer japanischer Tee-Erzeuger. Seine Spezialität: Matcha[30], ein zu feinstem Pulver vermahlener Grüntee, der in der weltberühmten japanischen Teezeremonie verwendet wird. Das Unternehmen, stets in Familienbesitz, wurde bereits 1888 gegründet und hat seinen Sitz in Nishio in der Präfektur Aichi, dem Zentrum der Matcha-Produktion in Japan. Aiya ist stolz auf seinen Anteil von 45 Prozent am Matcha-Markt. Und seit einigen Jahren ist Aiya dabei, mit Spitzentees die Welt zu erobern. 2001 wurde eine Niederlassung in den USA ins Leben gerufen, im selben Jahr wurde auch die Aiya-Europazentrale gegründet, die in Wien ihren Sitz hat und von Thomas M. Grömer geleitet wird.

[30] Auch maccha oder macha, richtige Aussprache: Matscha. Matcha-Tee ist sehr gesund und hat einen lieblichen, süßlichen Geschmack. Matcha gilt als besonders edle Teesorte und ist relativ teuer.

Herr Grömer, wie läuft denn bei Ihnen so das tägliche Geschäft ab? Wie ist da die Verbindung zwischen Ihnen und der Zentrale?

GRÖMER: Also wenn wir mit unserer Arbeit beginnen, das ist knapp vor neun am Morgen, dann ist es in Japan gerade nachmittags bis abends. Das heißt, wir beginnen einmal, uns mit der Zentrale kurzzuschließen und haben E-Mail-Kontakt mit Japan. Was wir heute klären wollen, müssen wir gestern schon rausgeschickt haben, das heißt, wir haben ungefähr einen Tag Zeitverzögerung in der Antwort. Sprich: Fragen, die heute im Laufe des Tages auftauchen, fassen wir am Abend zusammen, schicken das an die verschiedensten zuständigen Bereiche in unserer Mutterfirma und bekommen am nächsten Tag die Antwort. Wir haben also unseren Tagesrand mit unserer Kommunikation mit unserer Mutterfirma ausgefüllt. Was noch hinzukommt, das ist nicht täglich, sondern nur bei Bedarf, ist unsere Kommunikation mit Amerika. Die findet ebenfalls am Tagesrand statt, denn was ich heute am Abend fertig schreibe und wegschicke, kommt dort in der Früh an, wird im Laufe des Tages bearbeitet, so dass ich dann am nächsten Tag in der Früh, wenn ich in die Firma komme, die amerikanische Antwort da habe.

Mit Amerika, das ist mir klar, verkehren Sie auf Englisch, wie kommunizieren Sie mit der Mutter in Japan?

GRÖMER: Auch mit Amerika kommunizieren wir wie mit der Mutterfirma auf Japanisch, denn der Geschäftsführer unserer Filiale in Amerika ist Japaner. Unsere interne Firmenkommunikation ist generell auf Japanisch.

Beherrschen eigentlich Sie und alle Ihre Mitarbeiter Japanisch?

GRÖMER: Ja, wir können alle Japanisch, das ist eine wichtige Voraussetzung. Ich habe zuerst in Wien Japanologie studiert und nebenbei auch einen Teil Wirtschaft und meinen Abschluss in Paris gemacht, wo man mit dem Schwerpunkt Wirtschaft und Japanologie in der Kommunikation abschließen kann. Mein Thema der Diplomarbeit war der japanische Tee, und so verbrachte ich zwei Jahre in Japan auf der Suche nach Tee und nach Antworten. Ich habe dort sehr, sehr viel Zeit bei Teebauern in der Produktion und im Verkauf verbracht und konnte mir da sehr viele japanische Firmen von innen ansehen, was nicht so selbstverständlich ist. Ich durfte unterschiedliche Praktika machen und lernte so zum Ende meines Studienaufenthaltes die Firma Aiya kennen, die deswegen äußerst interessant ist, weil sie Matchatee herstellt. Matchatee ist der japanischste aller möglichsten Teesorten. Noch viel, viel typischer für Japan als normale Tees. Aiya ist ein sehr konservatives, traditionelles Familienunternehmen. Unser Präsident stellt die vierte Generation dar, und der Betrieb geht jetzt langsam in die fünfte Generation über.

Ist in der Art der Firmenführung ein Unterschied festzustellen zu der Art, wie man hier in Europa eine solche Firma führen würde?

GRÖMER: Ja. Sie haben Verhaltensweisen, die es bei uns nicht gibt, die aber bei einem mittelständischen Unternehmen in Japan normal sind, wenn es einen sehr traditionellen Background hat. Sagen wir so: Ein Unternehmen, das Tempelglocken oder ähnliche traditionelle Produkte herstellt, würde nicht viel anders agieren.

Worin besteht der größte Unterschied? Ist das eine Mentalitätsfrage, oder liegt das mehr an der Art, wie man Geschäfte macht? Oder anders gefragt: Ist der Umgang miteinander friktionsfrei?

GRÖMER: Durchaus. Aber wo liegt der Unterschied? Der Unterschied ist, dass es Japanisch ist. Also es ist nicht die Art, zu kommunizieren, es ist nicht etwas, worauf ich Ihnen eine einfache Antwort geben kann. Sondern es ist alles. Also, von wie man am Morgen „Guten Morgen“ sagt und wie man einander begegnet, bis hin zu der Art, wie man zusammen im Büro sitzt, wie man miteinander Mittag essen geht, wie man miteinander nach der Arbeit einen trinken geht und danach, sozusagen off the records, kommuniziert – das ist einfach ein Gesamtbild.

Wenn ich Sie richtig verstehe, dann ist das Kollektiv sehr, sehr wichtig?

GRÖMER: Ja, das kann man so sagen.

Praktizieren Sie das hier in Österreich auch so?

GRÖMER: Wie soll ich sagen, die Wortwahl ist jetzt schwierig, wir praktizieren das nicht so extrem wie Japan, dann wäre man hier ja ein Fremdkörper. Aber wir sind, vielleicht haben Sie das beim Eingang bemerkt, als Sie die Schuhe ausziehen mussten, wir sind doch ein Unternehmen, dass sehr stolz ist auf die japanische Tradition und das versucht, sich das Angenehme und die Vorzüge aus beiden Kulturen herauszupicken und die Nachteile beider Kulturen einfach links liegen zu lassen.

Was empfinden Sie als Nachteile in den beiden Kulturen?

GRÖMER: Nun, in Japan ist es ein Nachteil, dass es eine sehr, sehr starre und strenge Hierarchie gibt, die man eigentlich nicht durchbrechen kann. Das heißt, auch wenn Sie zum Beispiel eine sehr interessante, innovative, gute Meinung haben, die wird erst dann ernst genommen, wenn Sie eine gewisse Position, eine gewisse Seniorität erreicht haben. In Japan gilt bekanntlich das Senioritätsprinzip. Das heißt, je länger Sie in einem Unternehmen sind, desto geachteter sind Sie. Das ist etwas, das ich durchaus als Nachteil sehe. Ein anderer Nachteil sind die Arbeitszeiten. Die Japaner haben theoretisch zwei Wochen Urlaub, praktisch nehmen sie davon eine im Jahr und selbst dann haben sie ein schlechtes Gewissen. Das ist etwas, was wir hier nicht unbedingt nachmachen wollen und Gott sei Dank auch nicht nachmachen dürfen.

Und wo liegen die Nachteile auf unserer Seite des Globus?

GRÖMER: Der größte Nachteil auf europäischer Seite ist die starke eurozentristische Sichtweise, nach dem Motto, was hier schön und gut ist, ist generell und global gesehen schön und gut. Andere Sichtweisen von Business oder andere Sichtweisen von Firmenphilosophien werden hier praktisch nicht angenommen, sondern mit dem Etikett „exotisch interessant" versehen. Das schauen wir uns erst einmal an, und dann pickt man sich vielleicht ein oder zwei Managementregeln heraus, die in Büchern mit Titeln wie „Die zehn goldenen japanischen Managementregeln" oder so zusammengefasst sind. Man versucht nicht, die wirklichen Vorteile dieser Denkmuster zu verstehen, das ist zumindest mein persönlicher Eindruck.

Wie rekrutieren Sie eigentlich Mitarbeiter? So einfach stelle ich mir das nicht vor, wenn jemand von vorneherein Japanisch können muss, solche Leute laufen ja nicht gerade scharenweise auf der Straße herum.

GRÖMER: Richtig, die wachsen nicht auf Bäumen. Wir sind eine Vertriebsfirma, die sich jetzt langsam immer breiter aufstellt, die immer mehr in die europäische Tiefe geht. Aber auch in Europa kann man nicht jeden Markt sozusagen über einen Kamm scheren, deswegen braucht man

Leute, die sich im jeweiligen Land gut auskennen. Im Kernteam ist es unerlässlich, Japanisch zu beherrschen. Denn jeder hier hat eigene Aufgaben, die er mit der Mutterfirma bespricht. Wir haben zum Beispiel einen Mitarbeiter, der bespricht Angelegenheiten, die mit Qualitätssicherung zu tun haben, oder Dinge, die mit Bio zu tun haben usw. Eine Mitarbeiterin bespricht speziell alles Logistische mit der Mutterfirma in Japan. Was für uns aber eine Herausforderung darstellt, ist, dass alle Mitarbeiter, die ab jetzt zu uns stoßen werden, zwar nicht Japanisch können müssen, aber dafür die Sprache des Landes, dessen Markt sie bearbeiten müssen.

Bis jetzt galt als Voraussetzung: drei Sprachen fließend. Japanisch, und wenn Deutsch die Muttersprache ist, zumindest Englisch fließend dazu. Das alleine siebt schon sehr viele Menschen aus. Und wir brauchen Leute, die eine positive Grundhaltung zu Japan haben, Leute, die gerne international arbeiten, Leute, die auch gerne mal nach Japan fliegen, und Leute, die gerne bereit sind, auch sonst viel zu reisen, denn wir sind ein Vertriebsbüro, und im Vertrieb gehört das dazu. Dazu braucht es als Softskill, sehr kommunikativ zu sein, das ist absolut notwendig mit Japan, denn wenn sie etwas nicht eine halbe Stunde lang geduldig erklären können, dann lassen Sie es lieber bleiben. Also richtig Geduld muss man mitbringen, und man muss Spaß an der Sache und Spaß am Teamwork haben, denn ein japanisches Unternehmen bewegt sich immer im Team und besteht nicht aus Einzelkämpfern, aus einzelnen Helden, sondern aus der Summe der einzelnen Stärken. Wir finden tatsächlich nicht leicht gute Leute. Österreich ist zu klein, um das in der Zeitung zu inserieren. Mitarbeiter finden wir eigentlich nur auf Empfehlung.

Ich entnehme Ihren Worten, dass Aiya jetzt in andere Staaten gehen wird? Sehen Sie da irgendwelche Hemmschuhe, Probleme in diesem Zusammenhang?

GRÖMER: Durchaus. Wir haben bemerkt, dass in Europa die verschiedensten Länder unterschiedlich betreut und unterschiedliche Kunden angesprochen werden müssen. Man kann keinesfalls sagen, wenn etwa in Deutschland der Verkauf des klassischen Tees gut funktioniert, dass das 1:1 auf andere Länder übertragbar ist. In Italien zum Beispiel verkauft sich Matcha so wie in Japan als Lebensmittel sehr, sehr gut. Da haben wir einen Markt, der paradoxerweise eher japanähnlicher ist als Deutschland. In Italien ist es auch schwierig, Leute zu finden, die sehr gut Fremdsprachen sprechen. Es ist unserer Meinung nach nicht ausreichend, dass ein Österreicher passabel Italienisch kann. Wir brauchen einen Italiener, um Italienern ein japanisches Produkt zu verkaufen.

Das heißt, nur Sprachkenntnisse allein sind zu wenig, man muss in der Mentalität des Ziellandes leben?

GRÖMER: Richtig. Man braucht jemanden, der vielleicht einen Elternteil aus dem Zielland hat, oder zumindest jemanden, der dort aufgewachsen ist. Also einen Native Speaker.

Welche Tipps geben Sie einem Geschäftsmann, der mit Japan Geschäfte machen möchte? Was sollte er besonders beachten?

GRÖMER: Wenn dieser Geschäftsmann die Geschäfte mit Japanern in Japan macht, dann würde ich ihm empfehlen, sich nach unseren Gepflogenheiten, nach unseren Standards höflich zu benehmen. So wie er sich auch sonst im Geschäft sicher höflich benehmen würde, wenn er andere Kunden trifft. Er sollte sich nicht zu sehr den Kopf darüber zerbrechen, wie man sich jetzt wann, wo und wie verbeugt und wann wie welche Visitenkarte drei mal umgedreht wird oder auch nicht. Denn gerade die Japaner sind schon sehr fortschrittlich, sie wissen, wie die Europäer funktionieren, das heißt, ein Japaner würde Ihnen gleich die Hand entgegenstrecken und gar nicht erwarten, dass sie sich japanisch benehmen können. Nach dem Motto: ein Europäer oder ein Ausländer kann das ohnehin nicht, deswegen kommen wir ihm einen Schritt entgegen und benehmen uns westlich. Der normale japanische Businessman ist bereits so geschult, das trifft generell auf fast alle Leute zu. Das ist auch nicht als Unhöflichkeit zu werten. Wenn man sich auf europäische Art und Weise benimmt, sind die Japaner so flexibel, dass sie sich darauf einstellen. Eine Ausnahme sind natürlich die Menschen, die Japanisch beherrschen. Wenn jemand Japanisch sprechen sollte, und zwar mehr als nur ein höfliches „Guten Tag" usw., dann erwartet man sich auch das volle Programm. Dann erwartet man auch, dass der weiß, wie man sich verhält, wie man sich benimmt, wen man anspricht, mit wem man es zu tun hat, und dass er seine Leute, die nicht des Japanischen mächtig sind, entsprechend schult und vorbereitet.

Macht es einen Unterschied, wenn man mit Japanern in Europa Geschäfte macht?

GRÖMER: Sehr wohl. Wenn man mit Japanern in Europa Geschäfte macht, ist es prinzipiell so, dass sich die Japaner mehr oder weniger schon assimiliert haben und sich nach unseren Gepflogenheiten benehmen. Japaner in Europa benehmen sich nur untereinander japanisch. Aber sonst, da ist Japan schon so lange verwestlicht, dass Japaner sich hier ziemlich genau so benehmen wie eben ein internationaler Businessman.

Muss ich nicht, wie mir etliche Geschäftsleute gesagt haben, im Geschäft mit Japanern sehr viel Geduld mitbringen?

GRÖMER: Generell ist es nie ein Fehler im Geschäft, viel Geduld aufzubringen. Aber in Japan ist das natürlich eine Tugend. Es geht um die Qualität der Gespräche. Die Qualität des Geschäfts geht immer über die Geschwindigkeit. Die Japaner sind generell – wenn man schon verallgemeinern will – nicht Leute, die aus dem Bauch heraus entscheiden, sondern sich alles gründlich ansehen. Das gilt für alle Branchen. Sie überlegen sich sehr lange und sehr gut, mit wem sie zusammenarbeiten. Aber ich würde sagen, wenn man es erst einmal geschafft hat, dann hat man auch einen treuen Partner gewonnen, der zwar nicht alles akzeptiert, aber solange alles gut geht, großen Wert darauf legt, länger mit Ihnen zusammenzuarbeiten, als jetzt nur für diesen einen Geschäftsfall.

Wo sehen Sie sonst noch gravierende kulturelle Unterschiede?

GRÖMER: Wenn Sie in Japan ein Unternehmen besichtigen, das in der Produktion tätig ist, dann können Sie davon ausgehen, dass das generell sehr, sehr hohe internationale Standards erfüllt. In Japan sieht man durch die Bank, egal, ob das jetzt die Autoindustrie, die Computerindustrie oder die Lebensmittelindustrie ist, extrem hohe Standards und sehr hohe hygienische Vorschriften. Die sind in Europa auch nicht sehr viel schlechter, aber im Unterschied zu Europa macht man in Japan aus einer Vorschrift keine bürokratische Hürde. Aus einer schwierigen Vorschrift im Produktionsbereich macht man in Japan eine Kunst. Ein Beispiel: Die Kriterien für Bio-Tee sind in Europa die allerstrengsten, aber unsere Japaner verzweifeln nicht daran oder denken sich „Mein Gott, was ist das für ein Aufwand?", sondern sehen das geradezu als Ansporn dazu, so gut es geht auch noch die schwierigsten Kriterien zu erfüllen. Wir sehen also eine Liebe zu schwierigen Aufgaben, die sich auch durch japanische Künste wie Judo, Kampfkünste und sonstiges zieht. Im Unterschied dazu haben wir in unserem Bereich die Erfahrung gemacht, dass zum Beispiel andere asiatische Nationen noch auf dem Standpunkt stehen, möglichst günstig zu produzieren und eigentlich nur Zulieferer spielen möchten, Alternative sein möchten zu anderen Produktionsstandorten. Stichwort China und billige Produktion, und das in großen Mengen. In Japan möchte man das möglichst komplett, möglichst perfekt machen. Und in Europa sehen wir dazu wieder alternativ auch sehr hohe Standards, aber hier macht man es sich, jedenfalls mit den Augen der Japaner gesehen, immer möglichst bequem: Wie kann ich mit möglichst wenig Arbeit möglichst viel Erfolg haben? Wo kann ich mit möglichst viel Urlaub möglichst ein gutes Gehalt bekommen? Wo kann ich mit möglichst wenig Wochenstunden, siehe VW, ein möglichst angenehmes Betriebsklima erwirtschaften? Das sind die Unterschiede, die wir sehen. Die Japaner machen es sich sehr, sehr gerne sehr hart.

Wie setzen Sie diese japanische Arbeitsmoral hier um?

GRÖMER: Wir hier bei Aiya in Wien sehen, dass wir im Vergleich zu Japan extrem viel Urlaub, extrem wenig Arbeitsstunden haben. Da versuchen wir doch eine möglichst hohe Effizienz herauszuholen und wir leben es auch bei der Auswahl unserer Mitarbeiter. Wir suchen uns Leute aus, die sich nicht nach Dienstschluss um 17 Uhr nicht mehr mit dem Unternehmen oder der Arbeit beschäftigen, sondern wir versuchen Leute zu finden, die die Motivation haben, ihren Beruf zu leben und ihren Beruf zum Teil zum Hobby zu machen. Und wir sehen es auch tatsächlich so, dass sich unsere Leute privat in ihrer Freizeit gerne mit Tee beschäftigen, privat in ihrer Freizeit sehr gerne mit Matcha zu tun haben und einfach mit offenen Augen durch die Gegend gehen und oft durch Zufall viele Kontakte aufschnappen. Sie machen das in ihrer Freizeit, weil sie Spaß haben an der Sache. Das ist schon sehr, sehr japanisch bei uns.

Interview: Oswald M. Klotz

Amerika
Asien
Europa

Teil 3

Schnitzel isst man nicht mit Stäbchen

- Vom richtigen Umgang mit und in fremden Kulturen
- Do's & Don'ts und gute Tipps

Wo beginnt eigentlich Interkulturalität? Sie beginnt nicht erst, wenn wir überlegen, wie wir mit einem chinesischen Geschäftspartner umgehen sollen. Sie beginnt im Grunde in unseren Köpfen. Seien wir ehrlich: Wie denken wir denn über „die Piefkes“, die „Spaghettifresser“, die „diebischen Polen“ usw.? Woher beziehen wir denn unser „Wissen“ über andere Völker? Wie sehr lassen wir uns bei der Beurteilung von Menschen anderer Hautfarbe von Vorurteilen leiten?

Aber auch wenn wir vorurteilsfrei sind, (er)leben wir Interkulturalität berufsbedingt hautnah im eigenen Betrieb, wenn etwa Mitarbeiter aus anderen Kulturkreisen oder mit einem anderen Religionsbekenntnis hier mit und neben uns arbeiten. Nehmen wir zum Beispiel die Tiroler Röhrenwerke in Hall, wo ein relativ großer Teil der Belegschaft moslemischen Glaubens ist. Seit Betriebsratsobmann Norbert Klotz vor einigen Jahren einen eigenen Gebetsraum innerhalb des Werkes für sie durchgesetzt hat, ist der Zufriedenheitsgrad bei diesem Teil seiner Kollegen erheblich gestiegen.

Viele glauben, dass die Menschen, zumindest in Westeuropa, in ihrem Denken und Fühlen alle irgendwie gleich oder ähnlich sind. Das ist nur sehr bedingt richtig. Die fremde Kultur, die wir in der Interkulturalität zu begreifen und zu leben versuchen sollten, beginnt meist schon unmittelbar hinter der Staatsgrenze. Einige der Interviews im Teil 2 dieses Buches beweisen das.

Wenn wir selbst ins Ausland gehen, sollten wir uns auch selbst bei der Nase nehmen und uns eingestehen, dass es zehn Mal leichter ist, im Umgang mit den Menschen dort zum Teil gravierende Fehler zu machen, als sich durch das richtige Benehmen die Achtung und vielleicht sogar auch die Freundschaft unserer Geschäftspartner zu gewinnen.

Und damit uns das in Hinkunft besser gelingt, seien hier einige Tipps und praktische Hinweise verraten, samt Do's & Don'ts, wie es so schön neudeutsch heißt. Hier erfahren Sie, was man so im Umgang mit fremden Kulturen an Mentalitätsunterschieden und Benimmregeln zu beachten hat und worauf man unbedingt Rücksicht nehmen sollte. Damit man nicht gleich überall aneckt. Und im Geschäfts- wie im Gesellschaftsleben rasch(er) eine Runde weiter kommt. Wobei, neben China und Japan, den beiden Hauptzielgebieten dieses Bandes, vor allem jene Länder Berücksichtigung gefunden haben, die als (teilweise noch ganz junge) EU-Staaten für Österreich und Deutschland gleichermaßen wirtschaftlich besonders wichtig sind.

BULGARIEN

Finger weg von Minderheitsbeteiligungen

Chancen und Risiken

Der bulgarische Markt ist in vielen Bereichen noch sehr aufnahmefähig. Investoren schätzen hier das relativ niedrige Gehaltsniveau und die recht passable Verkehrsinfrastruktur, beides Faktoren, die im Wettbewerb einen Kostenvorteil erwarten lassen. Hinzu kommt, dass das Land jetzt zum Kreise der EU-Mitgliedsländer gehört.

Riskant ist der Abschluss eines Joint Ventures in Form einer Minderheitsbeteiligung: Vorstandsentscheidungen sollten immer noch selbst getroffen werden können, da die Managementvorstellungen bulgarischer Partner durchaus unterschiedlich sein können.

Umgang mit Behörden

Der Umgang mit staatlichen Institutionen gestaltet sich in der Regel recht zäh. Die Verwaltung und der Justizsektor zählen sicher zu den Hauptbereichen, in denen auch nach dem EU-Beitritt Verbesserungspotenzial besteht. Und trotz aller Anstrengungen hat die Regierung die weit verbreitete Korruption noch immer nicht in den Griff bekommen.

Geschäftsalltag

Der Geschäftsalltag in Bulgarien ist vielfach (noch) davon gekennzeichnet, dass man geschäftliche Angelegenheiten in ziemlich langwierigen Besprechungen erörtert. Dabei münden diese Besprechungen nicht immer unmittelbar in die Umsetzungsphase. Daher ist ein regelmäßiges Follow-up des Besprochenen zu empfehlen.

Die Einstellung gegenüber ausländischen Unternehmen ist weitgehend positiv, da man gerade in einer verstärkten Verflechtung mit der westlichen Wirtschaft einen wichtigen Pfeiler für eine positive Entwicklung des Landes sieht.

Do's & Don'ts

Für eine erfolgreiche Geschäftsanbahnung ist der persönliche Kontakt zu den bulgarischen Ansprechpartnern – im staatlichen wie auch im privatwirtschaftlichen Bereich – ein entscheidender Faktor. Daher sind persönliche Geschäftsbesuche eine unabdingbare Schiene für eine erfolgreiche Geschäftsanbahnung. Vor allem (aber nicht nur) bei Erstgeschäften sollte man auf entsprechende Absicherung Wert legen.
Via E-Mail-Aussendungen eine Geschäftsanbahnung zu versuchen, ist nicht Erfolg versprechend. Persönliche Kontakte spielen eine wesentliche Rolle. Es ist auch oft viel Geduld bis zum tatsächlichen Abschluss des Geschäftes erforderlich.

Tipp

Wie zum Beispiel in Griechenland bedeutet auch in Bulgarien ein Kopfnicken „Nein“ und ein Kopfschütteln ein „Ja“.

CHINA

Chinesen kommen gern zu früh

Geschäftsalltag

Geschenke werden nicht verlangt, aber erwartet. Dieses ungeschriebene Gesetz erfordert die Einhaltung folgender Regel: Durch das Beschenken soll die Hierarchie der Angesprochenen nicht untergraben werden. Geschenke sollen den Empfängern, die in der Regel in der Gruppe auftreten, durch erkennbaren Wert bzw. Präsentation den symbolischen Dank des Schenkenden vermitteln. Gern angenommen werden Tonträger (vor allem mit klassischer Musik – Mozart zu schenken ist nie ein Fehler) und wertvolle Bildbände mit Landschaftsdarstellungen. In jedem Fall ist jedoch darauf zu achten, dass der chinesische Geschäftsfreund durch den Austausch von Geschenken keinen Gesichtsverlust erleidet, also in irgendeiner Form bloßgestellt wird.

Pünktlichkeit ist für den chinesischen Geschäftspartner das Um und Auf. Da für den Chinesen das Abtasten seines Gegenübers sehr wichtig ist, kommt er nicht ungern schon vor dem Termin zum vereinbarten Besprechungsort. Für den westlichen Gesprächspartner heißt das, besonders auf Pünktlichkeit (die Höflichkeit der Könige!) und die Einhaltung des Zeitplans zu achten. Ebenso eindeutig – ohne langes Herumreden – lassen Chinesen erkennen, dass und wenn sie ein Treffen für beendet erachten, sei es nun eine Geschäftsbesprechung oder ein Essen.

Die traditionellen chinesischen **Essenszeiten** sollten auch bei Einladungen unbedingt respektiert werden. Sie sind für mitteleuropäische Begriffe relativ zeitig: Frühstück findet um etwa 7:00 Uhr statt, Mittagessen beginnen um 12:00 Uhr. Nach dem Mittagessen wird nicht ungern ein kleines

Nickerchen eingeschoben. Es wäre unhöflich, sofort nach dem Essen die Fortsetzung der Gespräche anzusetzen. Es ist keine Unhöflichkeit, wenn sich chinesische Gäste unmittelbar nach Beendigung des Essens erheben und abrupt verabschieden. Es sollten keine Milch- und Käseprodukte serviert werden, da Chinesen diese wegen eines Gendefekts nicht vertragen. Abendessen beginnen um 18:00 Uhr und nehmen – im Gegensatz zu geschäftlichen Abendterminen in Japan – üblicherweise um 22:00 Uhr ein abruptes Ende. Danach steht der chinesische Gesprächspartner meist nicht mehr zur Verfügung. Das bedeutet, dass der Hauptverhandlungspunkt dieses Treffens möglichst schon zu Beginn der Zusammenkunft angesprochen werden sollte.
Ein langer **Händedruck** ist bei Chinesen ein besonderer Ausdruck von Höflichkeit, auch Schulterklopfen gehört dazu. Oft sagt der Chinese aus Tradition „Nein“, obwohl er gerne „Ja“ sagen würde: Sanfter Nachdruck wird meist erkannt und angenommen.
Bei **Anreden** ist zu beachten, dass Chinesen besonders die Funktion des Gegenübers (Manager, Director, CEO, ...) zur Einstufung von Wichtigkeit und Wertigkeit dient. Akademische Titel des ausländischen Geschäftsfreundes zählen da wenig. In der Anrede sollte demnach auf alle Fälle die Funktion des Gesprächspartners vorkommen.
Trinkgelder sind grundsätzlich nicht üblich, sie werden jedoch in zunehmendem Maße vom chinesischen Personal in Restaurants und Hotels angenommen, in letzter Zeit zunehmend sogar erwartet.

Geschäftsleben

Bereits die Vorbereitung auf Verhandlungen sollte gründlich sein. Dabei darf man nicht vergessen, dass man es in China mit einer extrem beziehungsorientierten Kultur zu tun hat, in der man dem potenziellen Kunden ohne vorheriges Kennenlernen nicht einmal ein schriftliches Angebot unterbreiten kann.

Es ist in diesem Band bereits mehrmals angeklungen: Ohne *guanxi* geht in China rein gar nichts. „*Guanxi*" bedeutet nützliche Verbindung und ist als Ausdruck in ganz Ostasien bekannt. In extrem beziehungsorientierten Kulturen wie der chinesischen kommt man zu Geschäftsverbindungen nur, wenn man die richtigen Leute kennt oder es über Mittelsmänner schafft, bei ihnen eingeführt zu werden. In der Regel kommt man nur auf indirektem Weg an Kunden oder Partner heran. Wirtschaftsmissionen oder Messebeteiligungen sind ein guter Weg dazu. Man kann aber auch durch eine Vertrauensperson, etwa durch den Handelsdelegierten, eingeführt werden. Direct Marketing, also das Versenden von Briefen mit Informationen und Unterlagenmaterial, funktioniert nicht. Wie gesagt: Ohne „*guanxi*" geht nichts.

Es sollte also eine **klare Firmenstrategie** für den chinesischen Markt oder den jeweiligen Geschäftspartner ausgearbeitet werden, die dann auch in den Gesprächen beibehalten wird. Dieses in der Sache konsequente Verhalten trägt entscheidend zur Achtung und Wertschätzung durch den chinesischen Geschäftspartner und damit zum Geschäftserfolg bei. Perfekte Vertragstexte bilden eine notwendige Ergänzung, reichen jedoch alleine nicht aus, da das chinesische Rechtsempfinden anders ist als in Europa.

Die **Verhandlungen** selbst sind in China meist äußerst zeitaufwendig. Der chinesische Partner versucht zuerst, sein Gegenüber langsam abzuschätzen. Durch die komplexen Firmenstrukturen fällt es oft schwer, schnell zu den wirklichen Entscheidungsträgern vorzudringen. Der Weg nach oben erfordert viel Geschick und Ausdauer. Niemand will übergangen werden. Jeder sieht sich selbst als kleines, aber wichtiges Rädchen im großen Prozess einer Vertragsgestaltung mit dem ausländischen Geschäftspartner. Der Chinese versucht, eine ganz exakte Vorstellung von einer Sache zu gewinnen, bevor er sich verpflichtet. So ziehen sich Verhandlungen oft über einen langen Zeitraum hin, begleitet von Definitionen, Erklärungen und Fragen, bevor auf die wesentlichen Punkte eingegangen werden kann. Immer wieder kann es vorkommen, dass sich der Gesprächspartner, mit dem man endlich zum Kern der Sache vorgedrungen ist, lediglich als Informant für seinen Vorgesetzten herausstellt, mit dem die Gespräche nochmals ganz von vorne begonnen werden müssen. Es ist darauf zu achten, dass die eigenen Erklärungen möglichst kurz und prägnant abgefasst sind. Man sollte sich nicht in komplexe, tief greifende Aussagen verlieren, sondern unter dem Strich zu einem klaren Ergebnis kommen. Da die Gespräche fast ausschließlich über Dolmetscher geführt werden, sollte man schon deshalb eine klare Sprache bevorzugen.

Die **Verhandlungsführung** obliegt auf chinesischer Seite ausschließlich dem ranghöchsten Vertreter, erst auf seine Aufforderung hin können andere Teilnehmer zu Wort kommen. Es empfiehlt sich, auch auf westlicher Seite eine ähnliche Strategie zu verfolgen.

Hierarchische Strukturen sind bei chinesischen Unternehmen wie auch bei öffentlichen Stellen bei Kontakten mit Außenstehenden sehr ausgeprägt. Das kommt nicht nur bei Verhandlungen, sondern auch bei Einladungen, Arbeitsessen usw. zum Tragen. Deshalb ist es unumgänglich, dass bei Vorsprachen oder wichtigen Verhandlungen ein hochrangiger Vertreter der europäischen Firma nach China kommt. Denn nur er bekommt einen Gesprächstermin bei den chinesischen Entscheidungsträgern. Die hierarchische Stellung des Einzelnen spielt auch innerhalb des chinesischen Firmengefüges eine unübersehbare Rolle, egal, ob Frau oder Mann. Dem Geschlechtsunterschied kommt hingegen kaum Bedeutung zu.

Das Vorstellen wird nach dem Stellenwert innerhalb der Gruppe durchgeführt. Hier ist besonders auf gut ins Chinesische übersetzte Visitenkarten zu achten. Sie sollten mit beiden Händen übergeben und von einer knappen Verbeugung begleitet werden. Die Wahl der Firmen- und Namensbezeichnung sollte möglichst einfach und kurz sein, denn man kann schon durch einen zu kompliziert und umständlich übersetzten Namen, den sich der chinesische Partner nur schwer oder gar nicht merken kann, sein Gesicht verlieren. Auf jeden Fall muss die Funktionsbezeichnung aufscheinen.
Für die **Kommunikation** im Geschäftsleben ist kennzeichnend, dass viele der Entscheidungsträger im chinesischen Wirtschaftsleben noch der älteren Generation angehören und daher kaum Englisch beherrschen. Ein fachlich kompetenter Übersetzer und Dolmetscher ist daher unumgänglich. Optimal ist natürlich, wenn der ausländische Gesprächspartner mit dem Entscheidungsträger auf Chinesisch direkt verhandeln kann. Unterlagen und Prospekte sind jedenfalls auf Chinesisch abzufassen.

Do's & Don'ts

Gegenseitige Einladungen zählen nach wie vor zu einem wichtigen Bestandteil in der geschäftlichen Kommunikation mit Chinesen. Im Gegensatz zu der früher unumgänglichen Usance, mit möglichst umfangreicher Bewirtung die Gunst des Partners zu erwirken, wird heute, besonders in den Großstädten, davon abgegangen. Die Wahl des Restaurants sollte möglichst dem Chinesen überlassen werden, um Peinlichkeiten bei verschiedenen Essgewohnheiten zu vermeiden. Bei Unkenntnis der internen Hierarchie der chinesischen Gegenseite sollte ein Vorschlag für die Sitzordnung eingeholt werden. Westliche Unternehmen haben in letzter Zeit vermehrt Probleme mit chinesischen **Plagiaten** ihrer

Produkte. Die Chinesen sind ein kopierfreudiges Volk. Elegant könnte man formulieren, dass Verletzungen des Immaterialgüterrechts in China alle Wirtschaftssparten betreffen. Oder im Klartext: Sie kopieren alles, was ihnen in die Finger kommt, in Massen produziert werden kann und Gewinn verspricht. Und sie haben kein schlechtes Gewissen dabei, auch wenn sie damit weltweit gültige Patente und Markenrechte verletzen, denn sie kopieren nur die Besten, die dann – so eine weit verbreitete chinesische Ansicht – eigentlich auch noch stolz darauf sein sollten.

Gesprächstabu: Die Zeiten der Gesprächs- und Handlungstabus sind vorbei. Es ist aber ratsam, sich nicht auf politische Problembereiche (vor allem Tibet und Menschenrechte) einzulassen. Der ausländische Gesprächspartner wird als Gast anerkannt. Von ihm wird jedoch erwartet, dass er sich an die Usancen des Gastlandes hält. Alte Bräuche sterben nicht aus: Besonders in den Provinzen draußen werden ausländische Firmenvertreter gern verschiedenen Tests unterzogen. So wird ihnen bei Tisch wiederholt mit hochprozentigem Schnaps zugeprostet oder sie erhalten eine ausgefallene kulinarische Spezialität, zum Beispiel Skorpione.

Da in der chinesischen Sprache blumige Umschreibungen üblich sind, kann sich ein Gespräch in die Länge ziehen. Ungeduld und lautes Reden während eines Gespräches werden als Unhöflichkeit empfunden.

Tipps

Die Benützung der meist überfüllten öffentlichen Verkehrsmittel ist schon aufgrund der Sprachprobleme und der Unkenntnis der Schrift nicht empfehlenswert. Zwar verkehren die „Öffis" relativ pünktlich, sind aber meist hoffnungslos überfüllt. Lediglich in Peking wäre es den Versuch wert, sein Ziel mittels der gut funktionierenden U-Bahn anzusteuern.

In der Regel werden von Geschäftsreisenden aber Taxis benutzt. Es ist darauf zu bestehen, dass der Taxameter eingeschaltet wird. Taxis können in der Stadt direkt an der Straße angehalten werden. Da es leider vorkommt, dass einzelne Taxameter nicht genormt sind oder die Taxifahrer absichtlich teure Umwege fahren, sollte man sich die Zieladresse jeweils vor der Fahrt genau auf Chinesisch aufschreiben lassen und sich über die ungefähren Kosten der einzelnen Strecken bei einer verlässlichen Stelle (Hotelportier) informieren.
Auch in China erhalten Geschenke die Freundschaft, getreu dem alten Motto: „Wer gut schmiert, fährt gut!“ Das System ist tief verwurzelt und wird übrigens auch nicht als Korruption gesehen. Man sollte wissen: Ein Beamter, der ein Geschenk verweigert, muss um seinen Job fürchten, denn nach der örtlichen Sitte wäre das ein Affront gegen den Geber.
Auch wenn es noch so heiß sein sollte: Herren ziehen niemals ihren gerade in Hongkong erstandenen weiß-seidenen Sommeranzug an; auch das blütenweiße superleichte Sommerkleid der Dame muss im Koffer bleiben: Weiß ist die Farbe der Trauer.

JAPAN

„Wichtig ist, was der Japaner nicht sagt"

Schon seit rund 35 Jahren pflegt der Wiener Geschäftsmann Dr. Oswald Kadlecek intensive Kontakte zu japanischen Geschäftspartnern. Das hat bei ihm zu einer starken – nicht nur geschäftlichen, sondern auch privaten – Affinität zu japanischer Lebensweise, zu japanischem Denken geführt. So ist es nicht verwunderlich, dass er schon seit Jahren Präsident der Nippon Österreichisch-Japanischen Gesellschaft ist. Im Folgenden gibt er wertvolle Tipps, wie man mit Japanern erfolgreich Kontakte knüpft und pflegt.

KADLECEK: Ich bin seit 1970 regelmäßig, auch beruflich, in Japan gewesen. Es werden so sechzig, siebzig Aufenthalte gewesen sein. Und es gibt da einen Satz, der heißt: „*Wichtig ist nicht, was der Japaner sagt, sondern was er nicht sagt*". Das ist zwar sehr vereinfacht, aber es trifft den Kern. Also in der Gesprächskultur ist es sehr schwer herauszufinden, was die Leute denken, wenn sie etwas sagen. Es gibt ein probates Hilfsmittel dagegen: dass man im Gespräch immer wieder hinterfragt, ob die Botschaft zumindest so aufgenommen worden ist, wie man sie versucht hat zu senden, weil das immer freundliche Nicken überhaupt nicht sagt, ob das angekommen ist oder nicht.

Bekommt man auf diese Gegenfrage auch eine ehrliche Antwort?

KADLECEK: Zumindest mehr, als wenn man ein Nicken gleich mit Zustimmung verwechselt. Ich meine, das ist ja übrigens auch ein Problem, das nördliche Gesprächspartner mit Österreichern haben, dass nämlich ein höfliches, aber im Grunde unverbindliches „Wir werden schauen" mit einer Zusage verwechselt wird. In Asien ist es jedenfalls für den Newcomer wesentlich, nicht auf ein Nicken hereinzufallen, sondern das einfach zu hinterfragen. Natürlich dauert es sehr lange, bis eine gewisse Vertrauensbasis da ist, weil die Skepsis a priori groß ist.

Skepsis der Japaner gegenüber den Europäern?

KADLECEK: Gegenüber allem Westlichen. Das gilt gegenüber dem Amerikaner genauso wie gegenüber dem Europäer, wobei ich schon festgestellt habe, dass sich das in den letzten zwanzig Jahren gebessert hat, einfach weil die Kontakte intensiver geworden sind, und weil die Sprachbarriere durch das gemeinsame Englisch kleiner geworden ist. Wobei ich aber unbedingt dazu raten möchte – vor allem, wenn man merkt, dass die eigenen Englischkenntnisse und/oder auch die des japanischen Geschäftspartners nicht so berühmt sind – wirtschaftliche Erstgespräche nur mit einem Dolmetscher zu führen. Die Vertrauensbildung dauert aber lang.

Wie lange?

KADLECEK: Ich kenne viele kleine Firmen, die sechs, zwölf, achtzehn Monate lang Vorgespräche geführt haben, bevor das zu einem greifbaren Ergebnis geführt hat. Also da braucht man schon enorm viel Ausdauer und Geduld.

Das heißt, wer vorher die Nerven wegwirft ...

KADLECEK: ... braucht dort gar nicht erst anzufangen. Das ist eine Regel, die generell gilt. Es gibt extrem rasch denkende und handelnde Japaner natürlich auch, aber die sind eher die Ausnahme.

Wie weit ist das wahr, was ich gelesen habe, dass sehr viele Entscheidungen in Japan kollektiv fallen, was ja in Mitteleuropa oder im Westen nicht üblich ist?

KADLECEK: Ich muss sagen, ich habe das auch gehört, bevor ich 1970 das erste Mal geschäftlich dorthin gefahren bin. Aber meine Erfahrungen bestätigen das nicht.
Es gibt nach meiner Erfahrung eine sehr starke Hierarchie, die auf Gegenseitigkeit beruht. Der „Untere", in Anführungszeichen, ist sehr froh, dass es einen „Oberen" gibt, der die Verantwortung übernimmt. Und deshalb funktioniert alles ganz gut. Der „Obere", der sagt: „Ja, ich übernehme die Verantwortung", hat es gerne, wenn der „Untere" mit dem einverstanden ist, und der Untere hat es gern, dass der oben seinen Kopf hinhält. Sie werden immer merken, wenn unterschiedliche Levels am Gesprächstisch sitzen: der „Obere" führt das Wort und die anderen hören ihm zu. Meine Erfahrung ist, dass nicht alles nur im Team entschieden wird. Es wird natürlich geredet und es wird diskutiert, aber es gibt klare Entscheidungsstrukturen. Und wenn Herr Direktor XY sagt: „Jawohl, so machen wir das", dann passiert das auch so. Dass er sich dabei, um seine Mitarbeiter nicht vor den Kopf zu stoßen, intensiv bemüht, Konsens oder Zustimmung zu finden, ist eine Frage der Intelligenz. Aber echte Teamentscheidungen habe ich eigentlich in meiner 30-jährigen Erfahrung nicht gesehen.

Gibt es das Problem, sein Gesicht wahren zu müssen?

KADLECEK: Natürlich! „Loosing the face" ist für den Japaner genauso ein Lebensinhalt wie für den Chinesen. Das bringt dann auch mit sich, dass das Schwierigste – oder eines der schwierigsten Dinge – ist, mit einem japanischen Verkäufer eine technische Reklamation zu besprechen. Das ist mir ein, zwei Mal passiert, also da glaubt man fast, der begeht Harakiri. Aber das ist keine Show, das ist einfach Gesichtsverlust. Also das ist ein wirkliches Drama, das so empfunden wird.

Was soll man da tun? So etwas wird ja doch immer wieder vorkommen ...

KADLECEK: Mit Geduld dieses Ritual über sich ergehen lassen. Ich meine, einen Fehler einzugestehen, da tun sich doch alle Menschen schwer. Aber Japaner tun sich oft besonders schwer zu sagen: „Das ist uns passiert, aus diesen und diesen Gründen, wir haben Vorkehrungen getroffen, dass das nicht mehr vorkommt, das können wir auch detailliert darstellen und ...“ – was auch immer. Das ist eine schwierige Geschichte. Und daraus erklärt sich auch dieses Perfektionsstreben, das sieht man doch an den heutigen japanischen Autos, die halt ausgereifter sind als andere, wo man das lockerer nimmt. Das ist die Lebensaufgabe eines Japaners: eine hohe Leistung und Spitzenqualität zu bringen.

Was ist sonst noch wichtig? Wir haben jetzt also die Geduld, wir haben das Wahren des Gesichts gegenüber dem Gesprächspartner. Was wäre sonst im Geschäftsleben noch zu beachten?

KADLECEK: Im tagtäglichen Verkehr die rasche Reaktion. Also: E-Mails oder Faxe tagelang liegen zu lassen ist eine Todsünde. Und selbst, wenn man sagt: „Wir kommen erst in drei Wochen dazu, aus den und den Gründen, weil das oder jenes vorher geklärt, gemacht werden muss“, dann ist das eine Antwort, die rasch kommen kann. Da kann keiner sagen, ich habe keine Zeit gehabt. Das geht nicht. Die Japaner erwarten, dass man sie als Partner ernst nimmt. Und wenn sie dann zehn, zwölf Tage lang nichts vom westlichen Geschäftspartner hören, dann haben sie das Gefühl, dass sie nicht ernst genommen werden und das kann sich nur negativ auswirken. Mein Rat also: eine rasche Reaktion.

Sicher, den Qualitätsstandard, den sie sich selber auferlegen, erwarten sie natürlich auch von den Lieferanten. Mit nicht wirklich ausgereiften und nicht 1A-Produkten sollte man gar nicht versuchen, diesen Markt zu erobern. Japaner verzeihen auch sehr schwer Qualitätsprobleme, die in anderen Ländern als gar nicht so schlimm empfunden werden. Bei rein technischen Produkten, da funktioniert es oder funktioniert es nicht. Aber es gibt ja auch Produkte, die eine optische Beurteilung erfordern. Da werden strenge Maßstäbe an den Lieferanten angelegt. Also man muss schon sagen, die Performance, die man da als Lieferant bieten muss, die muss schon eine sehr gute sein. Mit links kann man das sicher nicht betreiben, ich meine, das kann man nirgends mehr, aber in Japan gilt das besonders. Auf der anderen Seite, wenn hier einmal die Überzeugung greift, dass das ein guter Partner ist, dann ist auch die Treue da. Wie heißt es doch so schön: „Was lange währt, hält lang." Das trifft dort besonders zu. Und das ist dann sehr oft personenabhängig. Wenn erst einmal ein Einverständnis über das gemeinsame Ziel hergestellt ist, baut sich dann ein persönlicher Kontakt auf, und wenn der stark genug ist, übertaucht das alle Probleme.

Es gibt, so hört man, den Zwang, nach einem Treffen mit den Geschäftspartnern nachtelang auszugehen, oder sagen wir es eleganter: auch in der Freizeit Aktivitäten zu entwickeln. Gibt es diese Zwänge wirklich?

KADLECEK: Das war einmal so. Es war so, dass die Gastfreundschaft der Japaner grenzenlos war. Ich kann mich erinnern, in den ersten Jahren war ich öfter vierzehn Tage dort, und da musste man vier Tage hintereinander in den Mikado-Tanzpalast gehen. Es war im Grunde ganz lustig: das war ein Tanzpalast, wo die Tanzpartnerinnen, die dort waren – da gingen nur Männer hin – alle eine Nummer hatten, und die Insider hatten dann schon die Nummer 123, wo sie gleich beim Eintritt sagten: „Diese Dame soll an meinem Tisch sitzen". Das waren aber keine Bordelle, dort ist wirklich nur getanzt worden. Das geht einem schon nach dem zweiten Mal natürlich komplett auf die Nerven, das war schon mühsam. Aber dass man das hier bei uns auch macht, das erwarten die eigentlich nicht. Sie erwarten eine durchschnittliche Betreuung. Wobei ich überhaupt sage, man sollte nicht versuchen, sich nur auf deren Sitten und Gebräuche einzustellen, das ist meine Empfehlung. Man soll sich ganz normal – vielleicht noch höflicher – verhalten, als einem Franzosen, einem Deutschen oder einem Amerikaner gegenüber. Ich bin damit immer am besten gefahren.

Gibt es eine gewisse Arroganz des japanischen Geschäftspartners gegenüber dem Westler?

KADLECEK: Vom halbwegs Gebildeten nicht. Ich kann sagen, man kann durchaus auch mal heftig werden. Also ich habe mich nie bemüht, mich dort anders zu geben, als ich eigentlich bin. Und das kann ich nur jedem empfehlen.

Andere Seite: Wenn der japanische Geschäftspartner nach Österreich kommt, ist das das gleiche Verhältnis, oder müssen wir uns da anders verhalten?

KADLECEK: Genau dasselbe.

Hat er hier Mentalitätsprobleme, die er daheim nicht hat?

KADLECEK: Er kommt mit ganz bestimmten Klischeevorstellungen nach Österreich, wie Mozart, Sängerknaben und Lipizzaner, und wenn er die bestätigt sieht, dann ist er glücklich und zufrieden. Es gibt natürlich eine Generation, die gerne in eine Karaoke-Bar geht, die es ja auch in Wien gibt, aber das ist eher die jüngere Generation. Es gibt ja in Japan sehr viele alte Manager – da sind ja wir zwei noch Jünglinge. Da gibt es ja noch Siebzig- und Achtzigjährige, die auch reisen und recht agil sind. Das hat den Vorteil, dass abendliche Vergnügungen nicht wahnsinnig lang dauern. Wenn man um 18 Uhr mit irgendeiner Veranstaltung oder einer Einladung anfängt und erklärt, dass man um 21 Uhr geht, dann wird das sogar irgendwie erwartet. Ob dann manche noch ins Casino gehen, weil sie gerne spielen, das ist dann deren Privatvergnügen. Noch dazu haben die meisten das Problem – nein, ein Problem ist es eigentlich nicht, besser: den Vorzug –, dass sie wenig Alkohol vertragen. Also wenn man zum Heurigen geht, herrscht nach drei, vier Gläsern Wein eine gute Stimmung, und dann beginnt die Müdigkeit, natürlich auch durch den Jetlag.

Ihre persönliche Erfahrung: Sind Geschäfte in Japan, mit Japanern erfreulich? Sie machen ja sicher auch Geschäfte mit anderen Nationen. Vergleichen Sie einmal.

KADLECEK: Ich muss sagen, von der Kontinuität her, wenn ein Geschäft nach der langen Anlaufzeit ins Laufen kommt, ist es eigentlich erfreulich. Sicher, Geduld braucht man mehr als bei anderen Nationen. Und es gibt natürlich unterschiedliche Denkweisen. Es gibt auch keine Rechtssicherheit im wirtschaftlichen Recht im eigentlichen Sinn. Das funktioniert nicht. Es gibt zwar Verträge, aber die werden nicht gelebt. Und damit wird es aufwendig, sicher aufwendiger vom ewigen Erklärungsbedarf her, als mit europäischen oder amerikanischen Partnern. Wobei ich sagen muss: Man bekommt mit der Zeit eine Affinität zu dieser doch ganz anderen Kultur und Lebensform. Für Chefs oder Manager kleinerer Untenehmen sind sicher die häufigen Besuche ein gewisses Problem. Denn man muss mindestens alle zwei oder drei Monate in Japan auftauchen. Denn ich sagte es schon, wenn der ständige, persönliche Kontakt nicht da ist, dann schläft die Geschäftsbeziehung bestimmt ein. Also nur via elektronische Medien kann man mit den Japanern nicht kommunizieren.

Sie sprechen jetzt von der Zeit nach dem Vertragsabschluss?

KADLECEK: Ja. Selbst wenn man sagt, jetzt ist alles schön ins Laufen gekommen, muss man als Verkäufer drei bis vier Mal im Jahr dort sein, und zwei Mal kommen sie selber herüber. Also, das ist natürlich zeitaufwendig und auch kostenintensiv. Und eines stimmt schon: Gespräche und Verhandlungen, die im Westen zwei Stunden dauern, dauern mit Japanern einen halben Tag. Aber wenn man sich auf all das einstellt, dann kann man damit gut leben.

Interview: Oswald M. Klotz

KROATIEN

Die Schönheit der Küstenlandschaften

Chancen und Risiken

Kroatien zählt mit einer Wachstumsrate von über vier Prozent für 2006 sowie mit rückläufiger Arbeitslosigkeit und niedrigem Inflationsniveau zu den wachstumsstärksten Ländern Europas. Andererseits dürfen Probleme wie Liquiditätsmangel, fehlende Rechtssicherheit, eine defizitäre Sozialversicherung, Produktivitätsrückstände und ein großer Bestand an staatlichen Betrieben nicht übersehen werden.
Kroatien ist – speziell für Österreich – fast wie ein erweiterter Heimmarkt. Das vereinfacht vor allem den Markteinstieg. Nachholbedarf haben die Kroaten vor allem im administrativen Bereich sowie beim Arbeitsrecht und im Ausbildungssystem. Da es in den letzten Jahren bei vielen Firmen verstärkt Liquiditätsprobleme gab, kommt der vorbeugenden Bonitätsprüfung und der Zahlungsabsicherung besondere Bedeutung zu.

Umgang mit Behörden

Die Mühlen der Bürokratie mahlen generell langsam. Der Staat modernisiert zurzeit seine Amts- und Behördenwege, um Investoren entgegenzukommen.

Geschäftsalltag

Es gibt generell starke regionale Unterschiede innerhalb Kroatiens. In Nordkroatien und im Raum Zagreb unterscheidet sich der Geschäftsalltag kaum von jenem in Mitteleuropa, während in Dalmatien und Südkroatien eher mediterrane Verhaltensweisen vorherrschen.
Es ist durchaus üblich, ein kroatisches Vertretungsunternehmen zu bestellen. Der direkte Besuch des potenziellen

Geschäftspartners ist unerlässlich, da eine Geschäftsanbahnung ausschließlich über den Korrespondenzweg im Regelfall nicht funktioniert.

Do's & Don'ts

Bei Geschäftsterminen sind Höflichkeit und formelle Anreden wichtig. Großer Wert wird auf offizielle Einladungen gelegt. Unpünktlich zu Geschäftsterminen zu erscheinen, gilt auch in Kroatien als unhöflich und sollte tunlichst vermieden werden.

Beim Small Talk punktet man vor allem mit Gesprächen über die Schönheit der kroatischen Küstenlandschaften. Vermeiden Sie hingegen den Begriff „Balkan", ebenso sollte man keine Vergleiche mit Serbien und Bosnien ziehen. Auch Kommentare zum „Vaterländischen Krieg" sind kaum der richtige Gesprächsstoff.

Tipps

Allgemein geschätzt werden, neben kleinen Geschenken, auch Einladungen ins Ausland.

Im Alltag ist die Benützung von Taxis empfehlenswert, da die öffentlichen Verkehrsmittel zwar preisgünstig, aber meist überfüllt sind und mit längeren Wartezeiten gerechnet werden muss.

POLEN

Gateway to the East

Chancen und Risiken

Der EU-Beitritt Polens führte zu einem verstärkten Interesse ausländischer Unternehmen, insbesondere im Export- und Investitionssektor. Ein Zuwarten und „Mitschwimmen mit der Welle“ wird mit höheren Markteintrittspreisen zu bezahlen sein. Auch bereits vor Ort tätige Unternehmen müssen ihre Marktposition durch verstärkte Anstrengungen in den Regionen verteidigen und ausbauen.
Das Alltagsleben ist vor allem in den Großstädten von geschäftiger Hektik geprägt. Ausländische Unternehmen sind in allen Branchen vertreten und werden im Allgemeinen positiv gesehen, nicht zuletzt als Arbeitsplatzbringer in einem Land, das es mit einer Arbeitslosenrate von derzeit rund 16 Prozent zu tun hat. Je größer die Investition, umso mehr Unterstützung findet sie bei den zuständigen Behörden.
Die Wettbewerbsintensität wird in Zukunft noch stärker sein, der Markteinstieg schwieriger und teurer. Auf Konsumentenseite wird sich eine fortschreitende Angleichung an westliches Konsumverhalten ergeben. Gleichzeitig werden die Unterschiede zwischen einkommensstarken und ärmeren Haushalten zunehmen.
Polen übernimmt weiters zunehmend die Rolle eines „Gateway to the East“. Polnische Investitionen in der Russischen Föderation und der Ukraine sind im Steigen begriffen. Investitionen in Polen erleichtern den Zugang zu diesen Märkten.

Umgang mit Behörden

Staatliche Institutionen sind generell um ausländische Investoren bemüht. Es empfiehlt sich grundsätzlich, vor einem

Engagement Kontakte zu Behörden wie Bürgermeisteramt und Wojwodschaft oder Investitionsagenturen wie der Polnischen Agentur für Information und Auslandsinvestoren AG (PAIZ) zu pflegen.

Geschäftsalltag

Schlüsselkriterium für den unternehmerischen Erfolg in Polen ist die lokale Präsenz in Form eines eigenen Unternehmens oder eines Vertreters. Es ist zu beachten, dass Geschäfte nicht mit Unternehmen, sondern mit Personen gemacht werden. Wechseln diese, so kann dies mit einem Neubeginn gleichzusetzen sein. Es ist daher unbedingt wichtig, eine Vertrauensbasis aufzubauen und diese durch regelmäßige Kontakte zu pflegen.

Im Allgemeinen gelten international anerkannte Grundregeln des Umgangs und der Geschäftspraxis. Dennoch muss man – wie in vielen anderen Ländern auch – Rücksicht auf lokale Besonderheiten nehmen. Erstkontakte sind immer an der Unternehmensspitze anzusetzen, da Unternehmen vielfach noch hierarchisch organisiert sind. Zeit ist auch in Polen Geld, man sollte sich für Gespräche sehr gut vorbereiten und sich kurz fassen. Bei Erstgesprächen sollte man nicht am falschen Fleck, nämlich an einem versierten Dolmetscher und Übersetzer, sparen. Wichtig ist auch, sich ausreichend Zeit für die Partnerwahl zu nehmen. Vor ungeprüften Zufallsbekanntschaften, wie man sie etwa auf Messen oder im Kaffeehaus unter Umständen rasch schließen kann, muss dringend gewarnt werden.

Rundmails in deutscher oder englischer Sprache mit dem Hinweis auf die eigene Homepage sind von vornherein zum Scheitern verurteilt: Solche „Geschäftsbriefe“ werden niemals gelesen werden.

Do's & Don'ts

Polen sollte – auch nicht gesprächsweise – als eines der führenden Reformländer keinesfalls nach Osteuropa verlegt werden, es gehört ausschließlich zu Mitteleuropa. Aufgrund der stark ausgeprägten Bindung der polnischen Bevölkerung an Religion und an die römisch-katholische Kirche sind scherzhafte Bemerkungen diesbezüglich zu vermeiden. Kritik an den Zuständen in Polen dürfen nur gebürtige Polen üben.

Polen muss man immer auch mit „Herr" (Pan) oder „Frau" (Pani) anreden. Sich auf Titel oder Berufsbezeichnungen (Fahrer, Kellner, Kassiererin usw.) zu beschränken, gilt als unhöflich. Noch schlimmer klingt es, wenn man lediglich den Familiennamen verwendet.

Wer bei Theaterbesuchen nicht unangenehm auffallen will, sollte sich angemessen anziehen und besser nicht in Freizeit- oder Straßenkleidung hingehen.

In Polen ist das Trinken von Alkohol in der Öffentlichkeit strengstens verboten. Verstöße können mit einer Ordnungsstrafe geahndet werden.

Wer mit dem Auto unterwegs ist, sollte sich unbedingt an die vorgeschriebene Höchstgeschwindigkeit halten. Es gibt zahlreiche Polizeikontrollen, die unnachsichtig Geldstrafen kassieren.

Tipps

Das Erlernen und die Verwendung einiger polnischer Worte freut den stolzen Polen und bringt Sympathie-Pluspunkte ein. Das gilt selbstverständlich auch für alle anderen Länder und Regionen, mit denen interkulturelle Beziehungen unterhalten werden.

Einen sach- und fachkundigen Dolmetscher bzw. Übersetzer zu engagieren, ist eine gute Investition.

Sein Auto vor allem, wenn es sich um ein Fahrzeug „Made in Germany" handelt, sollte man ausschließlich auf einem

bewachten Parkplatz abstellen. Oder gleich mit dem Flugzeug nach Polen kommen.
Bei Einladungen braucht man als Ausländer nicht mehr zu befürchten, dass man unbedingt starken Wodka trinken muss. Wenn man sich aber für Wodka entscheidet, sollte man sich auf zahlreiche Trinksprüche vorbereiten. Ansonsten ist Bier jetzt schon viel beliebter als harte Getränke.
Sehr wichtig ist es, dem Geschäftspartner zu seinem Namenstag zu gratulieren. Namenstage sind in Polen viel wichtiger als Geburtstage! Hier sind auch E-Mails oder SMS erlaubt – Hauptsache, dass.
Der Handkuss kommt langsam aus der Mode. Da frau aber nie weiß, ob das ihr Gegenüber auch weiß, muss sie nach wie vor mit Handküssen rechnen. Übrigens: Jeder gut erzogene Pole wird einer Dame an der Türe den Vortritt lassen.

RUMÄNIEN

Extreme Hektik und Zeitdruck

Chancen und Risiken

Mit einem Wirtschaftswachstum von fast fünf Prozent, einem regen Zulauf zu Universitäten und Bildungsstätten und einem langfristigen Arbeitsprogramm ist das Ziel der makroökonomischen Stabilisierung des Neo-EU-Mitglieds näher gerückt.

Es gibt noch viele unbesetzte Nischen im rumänischen Markt. Die zum Teil noch mangelnde Professionalität kann bei einem raschen Markteinstieg genützt werden. Der Aufholprozess wird, nicht zuletzt durch die Unterstützung der EU, relativ rasch vor sich gehen. Umso wichtiger ist es, gute Partner auszuwählen sowie mit Sorgfalt und Kulturverständnis zu handeln. Sich im rumänischen Markt zu etablieren erfordert Geduld und Kapital, die Aussichten aber sind viel versprechend.

Grundsätzlich sind ausländische Investoren gern gesehen. Das Interesse an Kultur ist groß und dementsprechend groß ist auch das Angebot an Veranstaltungen.

Umgang mit Behörden

Der Umgang mit Behörden gestaltet sich, trotz ambitionierter Modernisierungsversuche, nach wie vor sehr schwierig.

Geschäftsalltag

Im Geschäftsalltag herrschen extreme Hektik und Zeitdruck. Die Beherrschung der Landessprache wird zwar als freundliche Geste des Westpartners gewertet, aber nicht vorausgesetzt. Arbeits- und Öffnungszeiten der Geschäfte sind länger als in Westeuropa, ansonsten differieren die Usancen des Geschäftsalltags kaum.

Eine persönliche Kontaktaufnahme gepaart mit Seriosität und attraktiven Preisen schaffen ein gutes Klima für eine bevorstehende Zusammenarbeit.

Do's & Don'ts

Bei einem Geschäftstermin spielen Visitenkarten eine wichtige Rolle; sie hinterlassen immer einen guten Eindruck.
Unpünktlichkeit wird als große Unhöflichkeit empfunden.
Bei privaten Einladungen unbedingt ein Gastgeschenk (Blumen, Pralinen oder eine Flasche guten Whisky) mitbringen!
Beim Small Talk sollte man Diskussionen über Minderheiten, aber auch religiöse Themen und Kritik an der wirtschaftlichen/politischen Situation vermeiden – vor allem während geschäftlicher Gesprächstermine.
Wichtig: Zur Begrüßung gibt man immer die Hand. Einladungen abzulehnen oder kleine Aufmerksamkeiten nicht anzunehmen, wird als Beleidigung aufgefasst.
Achtung bei Taxifahrten: Nur Taxis mit Taxameter benutzen.

Tipp

Rumänen lassen sich gern durch den Einsatz moderner Technologien beeindrucken.
Wer in der Schule einmal Latein gelernt hat, sollte nicht gleich abschalten, wenn Rumänisch gesprochen wird, sondern ein bisschen genauer hinhören – es könnte sein, dass er das eine oder andere Wort versteht.

RUSSLAND

Wer zögert, wird keinen Erfolg haben

Chancen und Risiken

Das Vertrauen der Russen in die wirtschaftliche Stabilität und Aufwärtsentwicklung ihres Riesenreichs ist seit sechs Jahren wieder groß. Die Rubelkrise von 1998 ist vergessen, das Unternehmertum erlebt gute Zeiten – trotz weiterhin übermächtiger Bürokratie und zahlreicher administrativer Hindernisse.

Die Bearbeitung des russischen Marktes ist allein wegen seiner Größe, aber auch wegen der Besonderheiten des Geschäfts, nicht einfach und meist kostspielig. Dem stehen sehr hohe Renditen gegenüber, die man auf vielen anderen Märkten nicht erreichen kann. Die größte Gefahr ist, dass auch bereits gut in Schwung befindliche Investitionen oder Geschäfte an Barrieren stoßen, die letztlich bis zum Verlust des Geschäfts führen können.

Umgang mit Behörden

Eine Unzahl von Regeln, Erlässen, Verordnungen und Gesetzen macht den Umgang mit Behörden und staatlichen Institutionen schwierig. Tendenzen zur Korruption lassen nicht selten einen Beamten zum allmächtigen Einflussfaktor eines Geschäftsplans werden. Besondere Erwähnung verdienen in diesem Zusammenhang der russische Zoll und die russischen Finanzbehörden. Man kann natürlich im heutigen Rechtsstaat Russland durchaus vor den Richter ziehen und dabei sogar Erfolg haben. Auch sind nicht alle Behörden und Beamten korrupt und schwierig. Ein sachkundiger Helfer kann jedenfalls nie schaden.

Geschäftsalltag

Es gibt starke interkulturelle Unterschiede zwischen Westeuropa und Russland in vielen Bereichen des Geschäftslebens. Bei den Arbeitszeiten ist zu beachten, dass die Russen Spätaufsteher sind. Geschäftsbesprechungen vor 9:00 Uhr früh sind praktisch undenkbar, Treffen sollten sogar besser erst nach 10:00 Uhr vormittags stattfinden.

Trotz heute gut funktionierender Telefone ist es noch immer bei vielen Betrieben schwer, telefonische Auskünfte zu erhalten oder überhaupt einen Kontakt herzustellen. Persönliche Kontakte sind daher unumgänglich.

Russland und besonders Moskau und St. Petersburg haben ein aktives Gesellschaftsleben auf vielen Ebenen. Ausländische Unternehmen werden durchaus positiv gesehen – mit dem Zusatz, dass ein Russe, der bei einem ausländischen Unternehmen arbeitet, natürlich damit rechnet, dort mehr zu verdienen als bei einem heimischen. Auf dem Land wird das ausländische Unternehmen häufig noch als „Ausbeuter" gesehen, der gekommen ist, um die billigen russischen Arbeitskräfte „auszupressen". Bei Behörden und Geschäftspartnern kann häufig eine „Wegelagerermentalität" festgestellt werden.

Do's & Don'ts

Russland ist nicht der Wurmfortsatz eines anderen Oststaates, sondern ein eigenständiges, ein sehr selbstbewusstes und auch ein riesiges Land. Dementsprechend muss die Marktbearbeitung direkt auf Russland abgestimmt werden. Man kann nicht erwarten, dass die Kunden von selbst kommen, auch wenn sie oft auf westlichen Fachmessen auftauchen und großes Interesse zeigen.

Wichtig wäre es, die Sprachbarriere zu durchbrechen, da relativ viele Russen noch immer nicht ausreichend gut Fremdsprachen beherrschen, und wenn, dann sprechen sie eher Englisch als Deutsch. Die Kontakte, die man auf Messen oder im Rahmen von Geschäftsbesprechungen geknüpft hat, bedürfen einer regelmäßigen Pflege, und nur derjenige, der seinen Kunden das Gefühl schenkt, dass sie seine ungeteilte Aufmerksamkeit haben, kann auf lohnende Geschäftsabschlüsse hoffen.

Tipps

Flexible Geschäftsleute mit Beziehungen und dem Willen zum raschen Handeln haben bessere Chancen. Wer zögert, wird in Russland keinen Erfolg haben – konsequente Investoren mit Erfahrungen haben die Nase vorn.

Ein altes russisches Sprichwort lautet: „Man kann mit niemand Geschäfte machen, dem man nicht in die Augen geschaut hat.“

Eine gewisse Trinkfestigkeit ist kein Fehler. (Ein paar Gläser Wodka, getrunken in fröhlicher Gesellschaft, helfen gewiss beim In-die-Augen-schauen.)

SLOWAKEI

Wo Titel noch etwas gelten

Chancen und Risiken

Ein enormer Nachholbedarf gegenüber den arrivierten EU-Mitgliedsländern ist vor allem im Dienstleistungsbereich als Chance zu sehen. Die Vorteile des Standortes Slowakei liegen auch in einem nicht übermäßigen Erfolgsdruck, durch den gute unternehmerische Möglichkeiten geboten werden. Rechtsdurchsetzung und Korruption sind die größten Risiken, mit denen ein westeuropäischer Geschäftspartner fertig werden muss. Neuen Geschäftsfreunden sollte man daher auch in der Slowakei zumindest anfangs mit einer kräftigen Portion Vorsicht und Misstrauen begegnen.

Umgang mit Behörden

Der Umgang mit Behörden und staatlichen Institutionen ist nach wie vor schwierig, langsam kann man aber eine Tendenz zur Besserung feststellen.

Geschäftsalltag

Wichtig für einen nachhaltigen unternehmerischen Erfolg ist ein gut überlegtes und nachfrageorientiertes Unternehmenskonzept mit guter Landeskenntnis. Ein österreichisches oder deutsches Erfolgskonzept sollte nur mit sehr viel Vorsicht und Geduld umgesetzt werden. Ansonsten gibt es keine signifikanten Unterschiede in den Geschäftsgepflogenheiten. Hinsichtlich der Arbeitszeiten ist man flexibel.
Ausländische Unternehmen sind vor allem auf offizieller Ebene und in den größeren Städten besonders willkommen. Wichtig ist nur, auf die nach wie vor stark ausgeprägten hierarchischen Strukturen Rücksicht zu nehmen, die sich

bei Geschäftsbesprechungen unter anderem in der Sitzordnung äußern. Außerdem ist es üblich, geschäftliche Besprechungen bei einem gemeinsamen Mittag- bzw. Abendessen ausklingen zu lassen. Generell gilt, was die Lebensqualität betrifft, ein starkes Stadt-Land-Gefälle.

Do's & Don'ts

Persönliche Kontakte sind das Um und Auf in der slowakischen Geschäftswelt. Gute Zahlungsbedingungen sind eine weitere Voraussetzung für den Erfolg.
Die Beherrschung der Landessprache ist bei offiziellen Verhandlungen nicht unbedingt notwendig, sehr wohl aber für den Alltag, jedenfalls außerhalb von Bratislava.
Geschäftstermine sollte man stets mit schriftlichen Terminvereinbarungen fixieren.

Tipps

Kleine Gastgeschenke, zum Beispiel Sekt für den Gastgeber und Blumen für die Dame des Hauses sind – besonders bei privaten Einladungen – üblich und erhalten, wie es so schön im Sprichwort heißt, die Freundschaft.
Besonders großer Wert wird auf eine korrekte Anrede samt (akademischem oder Amts-)Titel gelegt.
Bratislava gilt noch immer als eine Stadt, in der ausländi sche Autos gerne auf Nimmerwiedersehen verschwinden. Es lohnt sich deshalb, mit der Bahn oder mit dem Flugzeug zu reisen. Oder, wenn es schon ein Auto sein muss, es bewachen zu lassen.

SLOWENIEN

Alles schriftlich festhalten

Chancen und Risiken

Slowenien ist das wirtschaftlich am weitesten entwickelte „Jungmitglied" im EU-Klub. Das Lohnniveau bewegt sich in einer Größenordnung von zwei Dritteln des EU-Durchschnitts. Seit 1993 verzeichnet Slowenien Wachstumsraten von zumeist über drei Prozent. Für 2007 werden vier Prozent Wachstum prognostiziert. Wegen der hoch entwickelten Industrie und des gehobenen Lebensstandards ist Slowenien nicht nur ein Preis-, sondern auch ein Qualitätsmarkt.

Die räumliche Nähe und die Kenntnis des Marktes ist für deutsche, vor allem aber für österreichische Investoren vorteilhaft. Ebenso kommt die Marktgröße österreichischen Unternehmen entgegen. Weiters werden die Chancen aufgrund geringer internationaler Konkurrenz erhöht. Ein hoher Bekanntheitsgrad Österreichs und der österreichischen Unternehmen im Land zählen ebenso zu den günstigen Rahmenbedingungen.

Die Risiken liegen in Rechtsstreitigkeiten. Es gibt zurzeit schätzungsweise 600.000 gerichtsanhängige Verfahren – und das bei rund zwei Millionen Einwohnern. Die Verfahrensdauer kann sich über sieben Jahre und länger hinschleppen.

Umgang mit Behörden

Besonders bei Bau- und Betriebsgenehmigungen sind die Behördenwege oft mühsam und langwierig. Die Behörden gelten in Slowenien zwar als umständlich, haben jedoch wenigstens den Ruf, korrekt zu sein. Sie sind am ehesten mit Ämtern in Österreich vergleichbar – wohl eine Folge der mehr als 500-jährigen gemeinsamen Geschichte.

Geschäftsalltag

Die allgemeine Einstellung zu ausländischen Unternehmen ist zurückhaltend, manchmal sogar kritisch, letztlich aber pragmatisch. Die Arbeitnehmer sind gegenüber ausländischen Arbeitgebern loyal.
Einladungen sind eher in guten Restaurants als zuhause üblich, die Alternative sind große Empfänge zu besonderen Anlässen, wie etwa Jahreswechsel oder ein Firmenjubiläum.
Wichtige Termine sollte man erstens rechtzeitig fixieren. Zweitens empfiehlt es sich, vor der Anreise diese Termine nochmals zu bestätigen, da es in Slowenien durchaus vorkommen kann, dass fix vereinbarte Termine „vergessen" werden. Je deutlicher ein Eigeninteresse des slowenischen Geschäftspartners zu spüren ist, desto höher ist auch die Wahrscheinlichkeit, dass er bei Terminen persönlich anwesend ist und sich nicht vertreten lässt.
Insbesondere aufgrund der Kleinräumigkeit des Landes und seiner jungen Geschichte ist sensibles Auftreten sehr wichtig. Es ist vorteilhaft, Interesse an der slowenischen Kultur zu zeigen. Als Österreicher kann man auch die langjährigen kulturellen Beziehungen zwischen beiden Ländern hervorheben.

Do's & Don'ts

Direkte Kontakte, beispielsweise Kurzbesuche, sind empfehlenswert und aufgrund der geografischen Nähe problemlos möglich.
Im Investitionsgütergeschäft werden Geschäfte häufig direkt mit Endabnehmern ohne Zwischenschaltung eines Importeurs abgeschlossen. Bei Konsumgütern ist die Bestellung eines Importeurs oder Vertreters auch nach dem EU-Beitritt

anzuraten, besonders wenn es eine große Zahl von Endabnehmern gibt. Ansonsten kann es auch bei Konsumgütern zweckmäßiger sein, die Kunden direkt zu beliefern. In geschäftlichen Verhandlungen sollten alle Probleme konkret angesprochen werden. Aussagen und Vereinbarungen im Detail schriftlich festzuhalten gebietet die Vernunft.

Tipps

Achtung: Apostrophieren Sie Slowenien auf keinen Fall als osteuropäischen Staat oder gar als Balkanstaat.

TSCHECHISCHE REPUBLIK

Informelle Kontakte müssen sein

Chancen und Risiken

Nach dem flächenmäßig größeren Polen ist Tschechien die bedeutendste Destination ausländischer Direktinvestitionen in Mittel- und Osteuropa. Über die Hälfte der Industriegüterproduktion erfolgt in ausländischen Tochterfirmen. Im Zuge des anhaltenden Wirtschaftswachstums verbessert sich die Einkommenssituation der Tschechen laufend. Allerdings gibt es große regionale Unterschiede bei Einkommen und Arbeitslosigkeit. Dennoch bemerkenswert: Die Arbeitslosenrate hat 2004 den Höhepunkt überschritten und ist seitdem rückläufig.

Chancen für Investoren bieten sich sicherlich durch die steigende Kaufkraft, die Verbesserung der Infrastruktur mit zum Teil hohen Zuschüssen aus EU-Fonds, Investitionen im Zuge der Übernahme von EU-Normen vor allem im Umweltbereich, durch Förderungen für Unternehmen (auch KMUs) und durch eine Verbesserung des rechtlichen Umfeldes.

Risiken sind die rasch wachsende Konkurrenz, steigende Kosten – Tschechien ist längst kein Billigstandort mehr –, langwierige Administrationswege und eine recht langsam arbeitende Gerichtsbarkeit.

In manchen Geschäftssparten sollte man auch die Korruption nicht unterschätzen.

Umgang mit Behörden

Je nach Art der Behörde ist auch der Umgang mit dem jeweiligen „Amtsschimmel“ unterschiedlich mühsam. Pünktlichkeit und auch das Beiziehen eines Dolmetschers bzw. Übersetzers werden vorausgesetzt.

Und es gibt zwei Ebenen: Nach außen hin gelten offensichtlich westeuropäische Standards. Hinter den Kulissen muss man allerdings informelle Kontakte herstellen und nutzen, um zum gewünschten Erfolg zu kommen.

Geschäftsalltag

Der Geschäftsalltag entspricht jenem in Mitteleuropa, auch hinsichtlich der Arbeitszeiten. Pünktlichkeit wird ebenso geschätzt wie die auch vor allem in Österreich nach wie vor übliche Anrede mit akademischen Titeln.
Das gesellschaftliche Leben ist oft mit kulturellen Veranstaltungen, etwa Konzerten, verbunden. Am Wochenende zieht es vor allem Städter in ihre Landhäuschen.
Dem nicht unbedingt fremdenfreundlichen Tschechen ist die Dominanz ausländischer Unternehmen eher suspekt. Es setzt sich aber langsam immer mehr die Einsicht durch, dass die tschechische Wirtschaft die ausländischen Investoren, die meist bessere Löhne zahlen und dafür auch bessere Arbeit erwarten, zum Überleben braucht.

Do's & Don'ts

Neben dem Preis spielt die Qualität eines Produktes in Tschechien eine große Rolle.
Werbung in den Medien ist ebenso von Bedeutung wie der (Verkaufs-)Standort eines Unternehmens. Die Kontaktanbahnung kann auf Messen oder durch direktes Mailing oder Besuche erfolgen.
Bei Geschäften mit staatlichen Stellen sind gute Kontakte – am Besten mit Hilfe von lokalen, gut eingeführten Kontaktpersonen oder Firmen – oft entscheidend.

Tipps

Ein gekonnter Internetauftritt eines Unternehmens ist in Tschechien sehr wichtig.

Beim Bezahlen des Taxis sollte man sich auf Heller und Pfennig herausgeben lassen und dann das Kleingeld als Trinkgeld zurückgeben.
Der Begriff „Tschechei“ ist von vorgestern und zu vergessen.

UNGARN

Handkuss nicht vergessen

Chancen und Risiken

Ungarn ist gesellschaftlich und regional ein gespaltenes Land. Die junge und urbane Generation denkt und handelt nach westeuropäischen Maßstäben, während die ländliche und „Vor-Wende"-Generation Probleme hat, den Anschluss an die Modernität zu finden. Zudem steckt Ungarn, wie alle anderen Länder Europas, im Globalisierungsprozess und versucht derzeit, sich vom Billiglohnverarbeitungs-Standort zu einem modernen, auch für F&E attraktiven Wirtschaftsstandort weiter zu entwickeln.

Die Kaufkraft der Bevölkerung wächst, wodurch, vor allem im urbanen Bereich, eine wachsende Nachfrage nach anspruchsvolleren Konsumgütern entsteht. Es gibt – als Nachwirkung der kommunistischen Wirtschaftspolitik – einen besonderen Nachholbedarf im Umweltsektor und beim Ausbau der Verkehrs- und der informationstechnologischen Infrastruktur. Im Zeitraum von 2007 bis 2013 stehen Ungarn relativ hohe Summen aus dem Struktur- und Kohäsionsfonds der EU zur Verfügung.

Fest steht: Ungarn ist ein Markt wie jeder andere. Es ist auf keinen Fall ein „wilder Osten" mit besonderen Chancen oder besonderen Tücken. Konkurrenz aus der ganzen Welt ist präsent, der Markteinstieg kostet Zeit und Geld. Bei Verhandlungen sollte man die ungarischen Gegenüber als kompetente und gleichberechtigte Gesprächspartner betrachten und sich vor dem „Ossi-Wessi-Syndrom" hüten.

Umgang mit Behörden

Ausländische Investoren haben sich in der Vergangenheit häufig über langwierige bürokratische Prozesse bei Genehmigungen beschwert. Und es gibt in einem gewissen Ausmaß nach wie vor noch Korruption.
Durch den EU-Beitritt wurde jedoch auch der staatliche Sektor bürgernäher und vor allem ein wenig berechenbarer. Der Kampf gegen die Korruption zeitigt langsam Erfolge.

Geschäftsalltag

Der Geschäftsalltag ist durchaus mitteleuropäisch, vereinbarte Termine werden eingehalten, umgekehrt wird Pünktlichkeit erwartet. Die Arbeitszeiten entsprechen westeuropäischen Regeln.
Die Beherrschung der Landessprache wird aufgrund des hohen Schwierigkeitsgrades des Ungarischen nicht erwartet. Geschäftssprache ist generationsbedingt Deutsch (bei Älteren) und Englisch (bei jüngeren Geschäftspartnern).
Das gesellschaftliche Leben in Ungarn, besonders in der Hauptstadt Budapest und in größeren Städten, entspricht mittel- und westeuropäischen Gewohnheiten. Es gibt keinerlei Vorbehalte Ausländern oder ausländischen Unternehmen gegenüber. Die vor der Wende noch spürbare Hochschätzung der westeuropäischen Kultur und Wirtschaft hat allerdings etwas nachgelassen.

Do's & Don'ts

Persönliche Kontakte sind sehr wichtig, nicht zuletzt ist die richtige Partnerwahl häufig entscheidend für den geschäftlichen Erfolg.
Doch Vorsicht: Viele Firmen haben keine „Geschichte", sodass weder Bank- noch Büroauskünfte wirklich aussagekräftig sind. Lieber Finger weg!

Tipps

Gepflegte Umgangsformen sind gefragt – Damen gegenüber bitte ja nicht den gekonnt hingehauchten Handkuss vergessen!

Taxis telefonisch zu bestellen ist sicherer, als sie auf der Straße herbeizuwinken.

SCHLUSSBEMERKUNG

Der Irrtum mit den Stäbchen

Der Titel dieses Buches „Schnitzel isst man nicht mit Stäbchen“ soll in erster Linie neugierig machen. Nebenbei schien er aber auch recht passend zu sein, da damit ausgedrückt werden soll, dass man mit Vorurteilen nicht weit kommt, auch nicht oder besser: besonders nicht im Geschäftsleben.

Im Laufe der Recherchen und des Schreibens entdeckten die Autoren aber zu ihrem großen Erstaunen, dass sie einem Vorurteil auf den Leim gegangen waren und damit beinahe einen großen Irrtum begangen hätten.

Denn zumindest die Japaner essen Schnitzel sehr wohl mit Stäbchen. Japaner tun das, was einen Wiener im tiefsten Herzen schmerzt: Sie schneiden das Schnitzel in winzigkleine Stückchen, damit sie es mit ihren traditionellen Essstäbchen als typisch japanisches Gericht genießen können. Dann heißt dieses Gericht allerdings nicht mehr Schnitzel, sondern „Tonkatsu“.

PERSÖNLICHE NOTIZEN

PERSÖNLICHE NOTIZEN